大是文化

豐田主管的口頭禪

豐田幹部都這麼說、也都這麼做的工作準則

トヨタの口ぐせ

任職豐田 40 年以上的資深主管
所創立的顧問公司
OJT Solutions 股份有限公司—著
劉錦秀—譯

CONTENTS

CONTENTS

第5章 讓所有人做得輕鬆的口頭禪

CONTENTS

推薦序一

自我提醒、帶領部屬的《標準作業手冊》

《經理人月刊》總編輯／齊立文

這是一本輕薄的小書，我以為短短三十一句口頭禪，淺白的文字加上生動的小故事，可以很快看完，不過，我卻花了比預期更長的時間。因為每一句話、每一個場景，都會讓我停下來想一想、寫筆記，對照我自己的工作現況，不自覺的也想要效法豐田的「改善」精神。

本書內容是由多位曾在豐田汽車工作，超過三、四十年的資深幹部，分享他們從基層員工當到主管過程中的「學習」與「領悟」。

學習，指的是這些資深幹部剛進入豐田時，從他們的「老前輩」口中最常聽到的「口頭禪」；領悟，則是他們在工作現場、在自己晉升主管後，確實實踐、細細咀嚼這些口頭禪的含意與實效。

口頭禪指的是人們常常掛在嘴邊的話，有些是無意識的口語反應、**有些則會反映出內在的思維，是由日積月累的成敗經驗，過濾而成的慣用語**。

豐田老將們的口頭禪，每一句都很精鍊，最長不超過二十個字，但是背後的意義深遠，不但傳承豐田這家世界級公司的企業文化，更傳遞了這個組織經過數十年管理實務驗證的本事。

最特別的是，豐田是一家汽車製造廠，但在閱讀的過程中，卻讓身處出版業的我也感到十分受用。像是「改善——巧遲不如拙速」這句話，說的就是與其精雕細琢而延遲（巧遲），或是縝密規畫而流於空想，倒不如「快快做」。就算一開始成果比較粗糙、拙劣，都還有時間去嘗試、改善。

第三十則口頭禪——「想辦法讓自己做得輕鬆！」，為本書下了最好的注解。豐田針對不同業務，都會建立詳述工作流程的《標準作業手冊》，為了確保任何人只要經過適當的學習與教導，都可以做出一定水準的產品。

讀這本書，就像窺視了豐田內部的寶典，而且是老前輩們幾十年來最受用的經驗法則，讓我們更了解一家企業的最佳實務（Best Practice），也能幫助自己在領導、帶人、激勵團隊、解決問題，甚至在節省成本、管理庫存上得到啟發。

推薦序二

從日常對話一窺豐田的工作文化

師大科技應用與人力資源發展系助理教授／**孫弘岳**

目前全球每十輛新車，就有一輛汽車來自豐田集團，與旗下擁有福斯汽車（Volkswagen）、奧迪（Audi）、保時捷（Porsche）、賓利汽車（Bentley Motors Limited）、藍寶堅尼（Lamborghini）等知名汽車品牌的福斯集團（Volkswagen Group），輪流坐上全球汽車銷售市占率的冠軍席位，其獲利能力更遙遙領先同業。

很多人想到豐田集團，只會想到物美價廉的豐田汽車（TOYOTA），而忘了它也有能與德國雙B（即德國賓士〔Mercedes-Benz〕和BMW）競爭的凌志汽車（Lexus）。在尚未導入全面人工智能生產前，豐田平均用十七個小時做出一輛Lexus，但生產一輛雙B卻要花五十七個小時，而且Lexus的不良率還低於雙B。

因為豐田一旦在生產過程中發現任何瑕疵，就會停止所有生產線，立刻找出原因並改善，才會繼續動工。相較於雙B承襲德國的工藝精神，他們會等產品完工時，精雕細琢，再來修正所有瑕疵。所以豐田展現出截然不同的管理方法與生產力，也反映了不同的成本與獲利結構。

因此，全球許多企業都不斷學習豐田的管理模式，例如採用全面品管或豐田生產方式，並試圖複製豐田的管理制度，但結果卻不盡理想。探究其原因，很多企業只學到表面的管理制度，卻忽略了豐田式管理背後的文化，也是深植在豐田所有同仁心中的做事方法。

就實務層面而言，想要真正了解一家公司的文化，不太容易從其網站中揭示的核心價值觀，或公開的資訊得到答案，因為這些標語很可能只是此地無銀三百兩的文宣口號。若要真正了解一家公司的文化，除了看組織到底升遷或獎賞了什麼樣的人，也可以從其主管與資深人員的日常對話、口頭禪來一探究竟。

這本《豐田主管的口頭禪》收集在豐田任職四十年以上的資深前輩，他們教導部屬與新人的日常對話，全書共歸納成五個章節：

第一章直接點出想在豐田擔任要職，事後不能躲在辦公室看報告，而是要到現場親眼找出問題，然後親自示範、驗收，加上追蹤。

第二章整理豐田主管常對部屬提醒的工作哲學，例如用高兩階的位置看事情、有六成把握就去做。

第三章揭露豐田的升遷之道，透過非正式的跨部門交流分享，偷學對方的優點，並累積人脈存摺。

第四章說明在豐田解決問題的方法，像是想到就做，比堅持找到更好的方法才下手，更能打開一條活路。

第五章介紹豐田組織運作的核心價值，例如絕對不說「要採購更便宜的材料」，而是設法製造更便宜的產品等。

全書共兩百零八頁，讀者可以快速且輕鬆的理解豐田的工作文化與做事方法，且能立即應用在個人工作、職業生涯規畫、組織發展或人才管理的各個層面。無論從哪個層面出發，相信書中任何一句口頭禪或對話，都可以給讀者帶來不同的觀點與啟發。

推薦序三

文化的傳承、生命的現場

「社長大人／Mr. President」版主／**社長大人**

在不斷追求成長、流量紅利、點擊率、快速獲取用戶的時代，我們似乎還來不及累積什麼，就被逼著往下一個里程碑邁進。

在公司成長的過程中，我也必須慚愧的承認，營業額、公司估值、技術、商業模式幾乎占據了我九〇%的思考時間，企業文化卻是我一直刻意忽略的部分。但在閱讀完本書之後，我自己也放慢了腳步，重新調整對於公司內部經營的想法。如果真有一份資產能夠突破時間和世代的限制，被流傳下去，很可能就類似於口頭禪這份無形資產吧。

企業文化或書中所說的口頭禪，最初可能只起於個人認真和敬業的態度，直到慢慢的灌溉、使部屬成長，才逐漸影響更多人，而形成了文化。剛萌芽的文化，必須靠每個人在每天的工作中持續實踐，經過數十年的歷程，才能轉化成為整家企業的傳統和底蘊，不斷的傳承下去。

本書記載的口頭禪，就是由一代一代的豐田人經過數十年的淬鍊，在不斷的試錯和驗證中所流傳下來的，所以與其說這是豐田主管們的口頭禪，不如說是企業經驗與文化傳承最真實的樣貌。

老實說，我作為一家網路新創公司的負責人，平常很難主動閱讀與傳統製造業或超巨型跨國企業有關的書籍。一來是領域不同，自己公司的營運型態和這些企業的經驗與策略差距實在太大，書中的內容大都難以參考及實際應用；二來是因為企管相關叢書，總是給人一種遙不可及的距離感。

但是，本書完全不同於過去生冷的印象，反而給我充滿生命力的臨場感。書中提到的口頭禪也不是難以吸收的理論，以及虛無縹緲的人生或職場大道理，而是這些豐田人在他們的職業生涯中，面對大大小小的問題時，最無私的分享和最務實的因應之道。

這三十一則口頭禪，也從基層作業、待人處事、人才培育、自我發展、甚至寫出部門決策等不同的高度和面向，協助我們思考，也鼓勵我們自行找出面對問題或潛在危機時的因應辦法。相信本書絕對值得所有大主管、小主管、基層員工，或社會新鮮人仔細閱讀。

前言

豐田這麼強，都靠口頭禪

不論什麼樣的企業，在日常工作當中，你一定聽過公司內部的人常常掛在嘴上的口頭禪。**從老闆告訴幹部、幹部告訴一般員工、前輩告訴後進之輩的這些話，都是凝結內部各種想法之集大成。**例如，自家公司的理念是什麼、對員工的期許是什麼等。

二〇一二年汽車銷售輛數世界第一、日本企業指標的豐田汽車（按：Toyota Motor Corporation。豐田在二〇一三年保持世界第一汽車製造廠的頭銜，二〇一四年共售出一千零二十三萬輛汽車，是第一個達到年產量千萬輛以上的車廠），也有代代相傳的口頭禪。為了不讓自家員工忘記豐田曾經有過的困境，就算業績再好，高階主管也會不斷透過口耳相傳，告訴部屬以豐田生產方式（Toyota Production System，簡稱ＴＰＳ）為首的各種「豐田式思維」。

本書作者採訪，在豐田有四十年以上工作經驗的資深菁英，並歸納出豐田主管的口頭禪，讓大家了解這些話背後的用意，跟他們的作風和工作思考模式。

例如「看問題，不要僅憑聽到的，要相信你看到的！」是他們最常說的話。這是指，光依賴別人給的資訊，會看不到出事現場的真實狀況，所以不論作業中發生任何錯誤，管理者一定要親自到作業現場、親眼確認。**不問公司的業績、規模，能夠適用於所有工作者的話，才是最關鍵、實用的經典語錄**。現在，在豐田到處都可以聽到這些話。

出現在本書的高階主管，都是曾於一九六〇年至二〇〇〇年之間在豐田服務，後來進入ＯＪＴ諮詢顧問股份有限公司（On the Job Training Solutions，位於日本愛知縣名古屋市）擔任訓練者的前豐田人。他們主要的工作，是提供諮詢服務、協助傳統產業，引進自己過去所學到的想法和關鍵技術。

本書介紹的口頭禪，除了是過去豐田企業所流傳的語錄之外，作者為了讓其他產業的員工也能夠了解這些語錄背後的含意，還特別加入現在經常使用的話語，目的是為了更精準的傳遞豐田精神。

希望本書的口頭禪，能對你的工作有所幫助。

第1章

志在躋身領導，要學這些口頭禪

豐田主管的口頭禪01

「你去過現場了嗎？」

海稻良光：曾任職於豐田人事部，也外派到北美等地。

豐田有「現場、現物、現實」，三現主義。實際到現場，透過現有物品，觀察現實狀況。換言之，就是實際走一趟工作環境，運用實物思考，進而掌握最真實的狀況。這個主義已滲透到豐田內部的每個角落，除了高階幹部身體力行之外，也會向下教導一般的員工。

「在豐田，主管經常帶著部屬跑到現場觀察，大家都樂此不疲，因為這才是真正的帶頭示範。」說這句話的人，正是前豐田員工、OJT Solutions股份有限公司前執行董事的海稻良光。

就連第六任社長（自一九九二年至一九九九年）豐田章一郎（豐田創始人豐田喜一郎的長子，現為豐田名譽會長）也是三現主義的提倡者之一。

聽說他參加董事會時，總是一臉愉悅的說：「你看過工廠了嗎？我前幾天去過了，那裡的狀況越來越好了。」

還沒去過的人，當下聽到這句話肯定非常尷尬，內心默想：「連社長都去過了，我居然還沒去，真是太不像話了。馬上去看看吧！」

管理的答案多半在現場

實地勘察不只是去工廠單純看看而已，豐田章一郎還會用他那雙銳利的眼睛到處檢查。聽說只要到現場走一趟，他馬上就可以看出問題所在，或是哪個流程出了差錯。

當他說：「你去過現場嗎？」之後一定會再補充一些自己的意見。例如，「那間工廠的情況真的是越來越上軌道了」、「關於〇〇，我有點擔心，麻煩派人去查一下」，他提出的意見幾乎都是一語中的。

誰都會看工廠，但光是這麼做沒有意義。每每章一郎到工廠走了幾趟之後，就能對整體的情況、關鍵點，提出一套正確的判斷基準。

一九九一年至一九九四年，海稻良光曾外派到由GM（General Motors，美國通用汽車，旗下擁有雪佛蘭、凱迪拉克等品牌）和豐田合資的NUMMI（New United Motor Manufacturing, Inc.，新聯合汽車製造公司，位於美國費利蒙市的汽車製造工廠）工作。

當時的會長豐田英二（即豐田第五任社長，自一九六七年至一九八二年）特地到NUMMI視察。

一句「辛苦了」的附加價值，超乎想像

豐田英二也是具體實施三現主義的經營者。回憶起這位大人物，海稻表示：「這是當時NUMMI公司推出新型車款的事了。那時英二先生和NUMMI的幹部在員工餐廳吃飯，雖然他點的是牛排，可是他吃牛排的速度非常快，才兩、三下

就解決了，然後馬上起身說：『好了，到現場看看吧！』」

對他來說，觀察第一線作業比吃飯更重要。即使GM的經營者，或是來自歐美的高層主管都還在優雅的用餐，但豐田英二卻沒這麼做，還率先跑去現場，和其他高層人士會談。

「雙方各派出董事參加NUMMI公司所舉行的董事會。GM的人喜歡一邊看厚厚的資料、一邊討論，可是豐田高層給人的感覺，卻是想快點結束會議、早點去工廠。總之，他們就是想去看現場。」

豐田英二會在工廠內四處走動，聽完作業人員的說明之後，還會親切的跟他們一一握手，並說：「真的辛苦你了。」、「謝謝你們這麼努力。」

這種能令工作產生附加價值的觀念，非常重要。

因此，所有豐田的幹部非常勤於到現場走動，並且由衷的向每一位作業人員說一句：「辛苦了。」

不管是誰，**層級越高的人越愛跑現場**，這種敬業的態度就是豐田一脈相傳的DNA。

建立你自己的口頭禪：

力行三現主義——「現場、現物、現實」，才會發現問題所在。

豐田主管的口頭禪02

看問題，不要僅憑聽到的，要相信你看到的！

井手　雄：一九六五年至二〇〇二年於豐田服務，主要處理和機械設備維修相關的工作。

山田伸一：在豐田負責機械方面的業務，長達四十年。

井手雄剛成為管理者時，最常掛在嘴邊的一句話就是：「看問題，不要僅憑聽到的，要相信你看到的！」

「譬如，出現不良品或機械發生故障時，作業員會立刻向我報告。身為管理者的我，聽完報告之後會直接向上呈報，並且將第一線人員回傳的實情，一五一十的告訴直屬主管。

「結果，上司到了現場後卻說：『實際的狀況和你所說的根本不一樣。』當下讓我無言以對。」井手說道。

「看問題，不要僅憑聽到的，要相信你看到的。」指的就是，去現場或親自檢查商品、製品後，再下結論。

部屬所描述的狀況，往往和實際發生的情況不一樣。所以身為管理者，不能完全依賴別人給的訊息，一定要親自去出事地點，親眼確認到底發生了什麼事。

「我並非要主管不相信部屬說的話，而是因為人很容易啟動自我防衛的本能，萬一出了重大的疏失，很少有人會百分之百、老老實實的告訴上司。所以，**管理者必須到現場走一趟，因為問題最真實的樣貌，會原封不動的留在那裡。**」

「你是看到了什麼才這樣說？」

井手說起一段過去發生的慘痛經驗：

「一九九〇年年初，我參加公司的教育訓練。指導老師要學生繪製某個工作現場的流程圖，也就是用簡單的圖形來表示製品、資訊如何流動。我根據工廠負責人的解說繪製了圖表，並且在教育訓練中公開發表。

「沒想到，指導老師卻說：『你畫的圖顯示出，製品都流往同一個方向，但在真實狀況中，這些製品其實是流向三個不同的地方。你有親自到現場確認過嗎？』我心想這下完蛋了！該怎麼辦？可惜一切都已經太遲了。」

這就是井手對「看問題，不要僅憑聽到的，要相信你看到的」最深刻的體驗。

另外有同樣經驗的，還有山田伸一。

「公司非常重視三現主義。如果工廠出了問題，我們卻沒有到現場查看、檢查機器、掌握確切的狀況，直接呈報，一定會被上級主管看穿。有好幾位同事就因此遭到斥責。」

厲害的主管不論是看資料、聽簡報，都會針對部屬是否實際做到這三現（現場、現物、現實）而緊迫盯人。他們會問：「真的是這樣嗎？」、「真的是如此嗎？」、「你是看到了什麼才會這麼說？」透過一問一答就可以知道，回報狀況的人在處理問題時，到底是聽來的、還是親眼看到的。

「好像是……」其實就是不知道

人沒到現場、沒仔細看過商品、不掌握真實狀況，就直接向上回報，一旦被人質問，回答問題就容易模稜兩可。這麼一來，立刻會遭到譴責：「你沒有親自去現場看吧？只光聽部屬單方面的陳述，怎麼知道問題出在哪裡？」

要分辨對方是聽來的、還是現場判斷，有幾個訣竅可以使用。沒有到出事地點就擅自報告的人，他們的說話態度和方式會出現以下特徵：

「看眼神就知道了，通常很快能看出他們沒有自信，而且他們會說：『**大概是這樣吧！好像是因為……**』等口頭禪來回答。」

相反的，去過現場的人，會帶著自信回答任何問題。說話時，有動作、有手勢、無所顧忌，也不會根據推測胡亂發言。

所有的商品製造只有〇（圈）和×（叉）的分別，只分做了還是沒做，絕對不會有△（三角形）。「我想大概做了、東西應該沒有問題」，這就是三角形的世界。

如果對話中出現這種情況時，就要注意了。

建立你自己的口頭禪：

不要只依賴部屬所做的報告。問題的答案，永遠在現場。

豐田主管的口頭禪03

改善，就是「工作每天要有變化」

古關 強：在豐田上班超過四十年，負責車輛裝配業務。
西先健二：一九六五年至二〇〇五年於豐田服務，主要處理汽車烤漆方面的工作。

一九六五年，古關強進入豐田之後，就一直做車輛裝配的工作。車輛裝配是汽車生產的最後一道工程。古關在升任管理職，開始有自己的工作團隊以後，直屬主管就不斷提醒他一句話。

這句話就是：「工作每天要有變化」。這句話是指什麼？就是人要**持續改善辦公環境。為了達成這個目的，作業現場必須得不斷改變、不停追求進步。**

古關說：「我的主管總是重複這句口頭禪。我還曾經被他罵過：『**如果現場沒有變化，你就永遠無法和第一線站在一起。**』狠狠教訓了我一番。」

所謂改善，就是找出和人、物、設備有關的浪費，然後想辦法杜絕這些虛耗，這也是豐田生產方式最關鍵的活動。

換句話說，找出不必要的浪費、改進工作流程、提高產量，是身為管理者最重要、也最應該做的工作。

譬如，在汽車的裝配生產線上，可以看到很多零組件。

現場作業的人員各個都卯足全力的工作。但是，當你仔細一看，就會發現他們的行為極為不自然，經常得遠離生產線繞道拿零件。

管理者的工作，就是仔細觀察員工的動作，幫助他們排除多餘的步驟，讓他們可以輕鬆的執行工作。

「工作中一直跑來跑去，非常浪費時間。稍微動動腦筋，協助他們輕鬆工作的話，效率自然提升。例如，把零件放在不需要離開生產線、不用回頭就可以拿到的地方，或是放在不需要彎腰、不必刻意蹲下，只要站著就可以取得的位置。」

產品在進化，你不變化就被淘汰

在豐田，因為改善而不斷進步，最明顯的例子就是，推出新車或是原有車款改版的時候。

當身體習慣長久以來的作業流程，遇上公司推出新產品或改款等狀況時，卻因為加入不熟悉的步驟，很容易發生動作速度變慢、出現瑕疵品，甚至導致生產線停擺的狀況。

這時，工作上就有許多需要改善的地方。因為古關之前有推出豐田卡羅拉、凌志車系的經驗，所以非常了解其中的甘苦（按：豐田卡羅拉，Toyota Corolla，日本豐田汽車公司於一九六六年推出的緊湊型轎車〔小型家庭用車〕。凌志車系，Lexus，創立於一九八九年，是豐田集團旗下的豪華汽車品牌）。

「每當推出新車或是改款時，所使用的零組件就會不一樣。因此，就算事前已訂出作業模式，但還是經常發生裝配不順、生產線停擺的狀況。

「我在豐田當班長（現場監督人員）的時候，有一次就因為沒有做事前的作業訓練，直接上線裝配新車，最後下場相當慘烈。」

工廠的生產線一旦停擺，所有人就必須集合、貢獻智慧，一起擬出改善方案，

並且把方案落實在行動上。

這樣反覆做個幾次之後，不但大幅降低錯誤率，生產線也會運作得越來越順暢。

整理、整頓，就是一種「變化」

「工作每天要有變化」也適用於整理、整頓工作環境。

古關曾經大刀闊斧的清理製造現場，將原來放置零件的二十個架子，一口氣減少到只剩下六個。在豐田，整理和整頓有很大的差別：

◎**整理**：將要與不要的東西分類，不要的東西就丟掉，加以保管留下的物品。

◎**整頓**：隨時保持可以立刻拿到零件的狀態。

古關充滿自信的說：「為了減少物品的數量，我很果斷的把不能用、不必要、多餘的物品都扔掉。減少物品的同時，置物架也會跟著變少，我就順手把整個環境的動線都改了。這是我趁上夜班的時候一口氣完成的。」

隔天早上，主管來上班看到之後，就會滿面笑容的說：「哇，清爽多了耶。架子的數量減少好多。」

「上級到現場最高興的事，就是看到工作環境的布置產生了變化。

「如果整理、整頓只是稍微收拾一下，有改等於沒改。因為之後一旦再增加一些零件，櫃子就會像之前一樣堆得滿滿的。所以，最根本的方法就是，減少置物櫃的數量。」古關說。

改善沒有終點，要追求理想的狀態，就必須一直變動。唯有這麼做，才能讓現場每天都有變化與進步。

建立你自己的口頭禪：

今天要比昨天更好，領導者一定要日日努力，讓工作現場每天都有變化。

豐田主管的口頭禪 04

不要天天忙救火，你有自己的事要做！

堤　喜代志：在豐田的熔接業務部門工作有四十二年之久。

身為管理職一定非常勞累。堤喜代志在當組長時，便嘗到了他前所未有的忙碌滋味。

在豐田當上組長的人，平日除了要思考能否遵守《標準作業手冊》（見第一九六頁）、體系運作是否順暢、設備適不適用等問題之外，還有許多業務要做。如果天天被工作追著跑，光是眼前的問題就搞得人仰馬翻了。

「當眼前的工作發生了意外狀況，如果夠冷靜的話，就會去想**這種問題是否之前也發生過**，必須徹底擬出一個解決問題的方法。

「身為組長的我，如果只專注在『先把爛攤子收拾乾淨』這件事上，急忙跟最前線的部屬專心滅火，沒有退一步思考問題的本質，那同樣的錯誤就會一直發生。」堤喜代志解釋道。

當時已升任組長的堤，不斷被直屬主管提醒：「不要天天忙救火，你有自己的工作要做！」

一流的管理者應該著重於改善和栽培部屬。天天被瑣事追著跑、漫無計畫的瞎忙，不是主管該有的做事態度。

上司的首要任務是進行改革，讓工作現場不再失火（出錯）。即使撲滅眼前這場大火很重要，但你不能總是在幫忙救火。

天天加班，做事方法一定有問題

堤總是不斷提醒大家：「管理者有自己應該要做的事。」把自己過去當組長的經驗，告訴所有製造現場的負責人。

「我曾經在一家工廠擔任指導員。現場有一位監督者，每天都加班到半夜十二點。我觀察他的工作內容，發現他所做的全是不具生產性的工作。例如，檢查部屬的日報表、看營業額等。

「領導者要是一直處在這種狀態之下，實在很糟糕，所以我要求他一一列出他當天的工作事項，再根據列表一起思考：『這件事真的有必要執行嗎？』、『工作的優先順序為何？』等。

「這麼做之後，果然他的業務量大幅減少，有充裕的時間做自己應該做的事。現在他每天晚上八點以前，就可以把工作全部完成了。」

建立你自己的口頭禪：

領導者的工作不是救火，而是建構不會發生火災的機制。

豐田主管的口頭禪05

領導者要有放手的胸襟，員工要有放膽一試的勇氣

田中暎直：一九七〇年至二〇〇四年於豐田服務，從事車體板金成形的事務。

田中暎直（「暎」音同「映」）從一九七〇年任職之後，就一直在豐田的高岡工廠（日本富山縣的高岡市，位於日本北陸地方中部）做車體板金成型的事務，也就是施於汽車外殼金屬板的各種加工工作。他離開之後，就在全國各地的生產線幫忙指導作業。那時他常說：「領導者要有放手的胸襟，員工要有放膽一試的勇氣。」田中把在豐田難忘的體驗，都濃縮在這句話當中。

他進入豐田之後，就被分發到負責板金的團隊，他在前輩處理板金的噪音聲中，偷學前輩的技術，不斷自我磨練、成長。

當時，豐田的《標準作業手冊》還沒有確立，**想要擁有該領域的專業技術，只能邊看、邊模仿**，直到可以獨立作業後，公司才會把需要負起責任的任務交給員工。果然，不久之後，田中終於可以使用一臺老舊的機器，開始負責製造車身底部的零件。

過了一段時間，公司對所有的工廠都下達了「目標為絕對TOP」的指示，也就是要求員工以達成業績目標為優先的方針。於是各個生產工廠之間，開始彼此競爭。主管告訴田中：「這是個好機會。就算弄壞機械，你也要大膽一試！」

「人很奇怪，別人越是叫你做什麼，你就越不會採取行動。尤其那個時候，我操作的還是一部很老舊的機器，就算公司的策略是『目標為絕對TOP』，我也不敢貿然行動，就怕有個萬一，機器就被我弄壞了。可是後來主管對我說，失敗也沒關係，勇敢去做就好，於是我決定放膽一試，挑戰自己的極限。」田中說。

做了才能看到成果

田中剛開始負責的機器，生產力真的是「絕對TOP」。雖然四周的人都很擔心，那臺機器如果再繼續加速，一定會壞掉，但它還是衝了好一段時間。可惜一個月後，大家的擔心終究變成了事實，機器果然故障了。繼生產停止之後，陸續又有瑕疵品出現，引起騷動，最後結果還是失敗了。

令人意外的是，當初要田中勇敢去試的主管並沒有責備他，就連當時到出事地點查看的專務（經理、董事）也一樣。

「怎麼回事？」

「報告專務，機器壞了。」

「挨罵了嗎？」

「不，我沒有被任何人責罵。」

「嗯，那我就放心了。」

田中感受到一股暖流湧上心頭，他從上級主管收到了強烈的訊息，那就是——

不要畏懼失敗，做就對了！

「其實我也知道這樣使用老舊機器，它一定會壞掉，但當時我唯一能做的，就是放手一搏。每次想到當時鼓勵我的主管，心中真的充滿了感謝，他的想法更是深植我心。」

放手前，先為最壞的狀況買保險

有些事就是要不畏恐懼、大膽去做，才會成功。「目標為絕對ＴＯＰ」的指示出來後，很多主管開始讓部屬做各種挑戰。當中也有不少失敗的案例，但卻可以從失敗中學到很多東西，只要把這些經驗累積起來，你的實力就會越來越強大。

越是了解現場的人，越明白新的挑戰必定伴隨失敗這個道理。然而，就是因為大家明白這個道理，所以很多人寧願選擇不動、不前進。

上位者一定要讓部屬有勇於嘗試的胸襟。所謂的「勇於嘗試」，就是當部屬面對可能會失敗的情況，感到不安時，領導者應該要對他們說：「有事我負責，你們儘管去做！」

不過，在說這句話之前，得先為緊急狀況買好保險，才能在部屬挑戰失敗時，馬上給予支援。譬如，縱使把機器弄壞了，還有其他方法可以過關。換言之，**就是要先為部屬準備好一條逃生的路**。

勸告所有年輕人別想太多，只要有勇氣去做就可以了；領導者除了要多鼓勵員工嘗試各種挑戰之外，還必須事前想好替代方案，這一點非常重要。

建立你自己的口頭禪：

先替最壞的狀況留好退路，然後讓部屬放手去做。

豐田主管的口頭禪 06

帶人，就是示範、驗收，加上追蹤

堤　喜代志：在豐田的熔接業務部門工作有四十二年之久。

大多數公司帶人的程序都是先示範、再驗收，也就是自己先做給部屬看，再換對方做給你看。關於這方面，豐田還多了一個「追蹤」的步驟，也就是必須持續追蹤、關懷到底。針對此事，堤喜代志這麼說：

「就算你很仔細指導部屬每項作業的順序，他驗收時也做得非常順手，但千萬不能因為這樣，就認定『我已經教會他了，算是完成主管的工作』，就此結束。事後，**你還要持續追蹤，觀察部屬是否真的會照著自己所教的步驟去做，直到他能夠實踐且精熟工作為止。**」

堤在豐田的時候，曾呼籲開車上班的同事：「坐車時，一定要繫安全帶。」之所以會這麼做，除了顧及員工在工廠外的安全，也希望社會不要發生重大的交通事故，因為當時並沒有立法規定開車一定要繫安全帶。

首先，他讓年輕的同事看很多關於沒繫安全帶，而發生車禍死亡的資料。但是光這麼做，不足以讓年輕人心生警惕，因為他們一旦握緊方向盤，就會下意識的直接踩油門、啟動汽車。所以，堤決定持續追蹤，絕對要貫徹到底。

「譬如員工上下班時，由二十五位組長輪流值班，站在公司的停車場旁，檢查誰沒有繫安全帶。一旦被說：『某某某，你沒有繫安全帶喔！』當事人就知道公司是認真的。」

確認部屬切實做到你所教的事，對製造業而言是非常重要的一環。

在豐田的作業現場，評斷追蹤成果的基準，就是「星取表」（按：原是相撲用黑白星星標記勝敗次數的表格）。在星取表上，會將一個作業的精熟度分成四級來表示，以一個零組件要花十秒鐘製造為例：

◎一級精熟度：大致了解作業的方法。

◎二級精熟度：十秒鐘的作業，可以在十八秒內完成。

◎三級精熟度：十秒鐘的作業，可以用十秒鐘完成。

◎四級精熟度：已經能夠教別人這項作業。

換言之，管理者每天都會根據星取表，反覆對部屬示範、驗收、追蹤，一句「大概會了！」絕對不行。

「在豐田，不是教教做法或覺得部屬好像會了就可以，一定要製作星取表、持續追蹤，直到部屬能夠獨當一面為止。這麼說或許很臭屁，但我在這裡真的**徹底學到追蹤的重要性。這可是被磨練出來的**，因為我曾經因此被主管斥責了無數次，有過慘痛的經驗。」

那是堤剛升任管理者時所發生的事。那時負責後段工程（測試、裝配等）的人對品質抱有微詞，堤馬上指示負責人員要修正。負責的部屬立刻回答：「是的，我明白了。」就這樣結束了這件事。

但過幾天，堤所管理的部門又發生了不良品問題，更在會議上被提出來檢討。

主管問他：「這事情怎麼樣了？」

「是的，我已經耳提面命，教過負責的作業人員。他應該已經這麼做了。」

「**怎麼可以說『應該』？現在就到現場去。**」

結果，堤到現場一看，發現負責的人根本沒有照堤的指示去做……。「根本沒有改嘛，混蛋東西！」身為管理者的堤當場被主管臭罵一頓。

「這種事情發生好幾次之後，我終於透過慘痛的教訓，學會了『示範、驗收、追蹤』三件事。」

確認他做的和你想的，是否一致

堤離開豐田之後，開始在各個工廠擔任指導者。他常會質問製造現場的負責人：「這件事，你教過在現場的作業人員了嗎？」

如果對方回答：「是的，已經教了。」就表示第一線人員已經照著上級的指示行動，這句話在豐田就代表：「我們一起到現場看吧！」，所以，接下來的動作，就是所有人共同到製作現場確認。

只要實際走一趟，部屬是否確實做到這一點，立刻一目瞭然。如果**對方做得不精準**，**指導者就會知道自己的教法有問題**，**會更嚴密的追蹤後續**。管理者就是要不斷累積這種經驗，才能夠成長。

嘴上說：「已經教了」，很簡單，但這句話有漏洞，你要改成：「已經教了，而且部屬在現場就是這麼做。」

建立你自己的口頭禪：

管理者不能只會教，還要確認對方是否照著做。

豐田主管的口頭禪07

不要錄用追隨者，要選領先者

海稻良光：曾任職於豐田人事部，也外派到北美等地。

一九九六年至一九九七年，海稻良光是豐田人資開發部的室長。

當時的豐田汽車，正如火如荼的喊出超越德國汽車品牌賓士的口號，也是推出超級轎車凌志（Lexus）的時候。「超越歐美車」這句話對當時的豐田人而言，彷彿就是一句口令、一個暗號。

「當時，我們最常掛在嘴邊的口頭禪，就是：『**不要錄用追隨者，要選領先者**（front runner）』，公司就根據這個指標來找人。」

時代一變，錄用人的基準也會跟著變動，不管是多麼優秀的人才，只要是追隨者就不行。豐田要的是**有創意和行動力**的領先者，這就是錄用新人的標準。面試新人時，豐田會提出：「如果地球的重力只剩一半會如何？」之類的考題。

求職者要怎麼回答都可以，這種題目並沒有標準答案，我們主要是測試，他們會如何思考、為什麼會這樣回答。能夠發現問題，用自己的話表明想法，能夠言之有物、合乎邏輯，才是豐田要的人選。若不是這種人才，就會跟不上時代的腳步。

「不管時代怎麼改變，都需要**會解決問題的人才**。但光是這樣還不夠，我們需要**有能力發現問題的菁英**。」

每家公司都需要能夠走在時代尖端、帶著大家跑在最前頭的頂尖好手。

問題意識高的人，最怕跟錯人

海稻在甄試的現場常說：「讓頂尖的人物加入我們！」他表示：「問題意識高的人，將來必成大器。我想讓這種人加入豐田，並且把他們分配到鄰近製造現場的單位。」

在這之前，公司都是把新進職員，重點式的分發到生產管理部、經理部、國內企畫部等，被稱為是培訓儲備幹部的單位，坐在辦公桌，面對電腦。

「但是，我認為新人在這種單位做事，一定會覺得枯燥。事實上，**年輕人比較**

喜歡那種做了之後，可以馬上看到成果的業務，而且待在能夠了解整個作業過程的地方，對自己的工作也有所幫助。所以，應該把新人先分發到製造工廠的工務部門，或是貼近汽車銷售的單位，讓他們親自摸索。」

另外，想要培育人才，就要把人放在會帶人的主管身邊。好不容易錄用到的領先者，如果跟錯了人，即有可能因為「太有主見」，而遭到主管的反彈。如果不把新人放在可以接納他們的主管身邊，就無法將他們栽培成公司所需要的菁英。

「至少要讓新人先在製造現場待三年，直到公司看到他們未來的長期價值之後，再將他們調到其他部門。豐田就是這樣培訓及用人。」公司在錄用新人、培育人才方面，如果沒有明確的方向和確切的步驟，就無法茁壯成長。

建立你自己的口頭禪：

利用領先者的能力，讓自己和公司成為業界第一。

第2章

指導部屬時，必記此口頭禪

豐田主管的口頭禪 08

你的薪水是誰給的？

堤　喜代志：在豐田的熔接業務部門工作有四十二年之久。

堤喜代志在三十幾歲剛當上班長時，他的主管問他：「你知道你的薪水是誰給的嗎？」

堤回答：「是課長嗎？不，是公司嗎？」

主管說：「都不是，是顧客。**顧客買車之後，公司再用這些錢製造汽車，繼續販賣。你的薪水就是從這裡來的。**」

言下之意，就是告訴我們，要做顧客喜歡的商品。光製造公司喜歡的商品，老闆或許會高興，但我們不能這麼做。

堤現在是以訓練者的身分，為企業顧客提供指導服務。每次和年輕職員談話時，他就會提到自己在三十幾歲時，經常被主管問到的問題。首先，他會問：「你的薪水是誰給的？」

各種答案都有。就如同昔日的堤一樣，很多人都回答：「主任」、「公司」。

「我會先肯定他們的答案，然後再說：『我年輕時也是這麼想，但並不是這樣，真正付我們薪水的，是購買商品的客戶。』教導他們正確的觀念。」

製造公司喜歡的商品，領不到薪水

你的薪水是消費者給的，這是對工作的基本認知。因此，堤在為企業顧客做指導時，第一件事，就是讓大家徹底了解這個概念。

然後，再針對豐田工作上的五大任務，即安全、品質、生產、成本、人事進行說明。從「薪水是顧客給的」這點出發，就可以讓大家對於這五大任務有更深入的了解。

譬如講到品質時，堤會這麼解釋：

「薪水是顧客給的。想像一下，如果你是糕餅製造商，一定不可能做消費者覺得難吃的糕餅，對吧？所以，品質的把關非常重要。」

講到生產時，堤會這麼說：

「薪水是顧客給的。因此，當顧客需要某項商品時，就一定要做出東西來。能夠配合顧客需求的生產體制，才能領先創新。」

堤喜代志所指導的內容，都是從薪水是顧客給的觀點出發。如果不從這一點開始，工作將無法順利運作。只有這樣，不論在什麼樣的公司、什麼樣的地方，上班族才不會被這個市場淘汰。

建立你自己的口頭禪：

贏家全拿——做出顧客想要的商品。

豐田主管的口頭禪 09

做什麼都失敗，勝過什麼都不做！

西先健二：一九六五年至二〇〇五年於豐田服務，主要處理塗裝方面的工作。

做什麼都失敗，勝過什麼都不做——這是西先健二剛進豐田時，主管經常對他說的口頭禪。

「進入公司之後，我被分發到總廠。年輕時，不管我被指派做任何工作，我總是習慣說：『我不會』、『我做不到』，接著立刻就會遭到上級嚴厲的斥責，主管一定會回嗆：『先做再說！』」

不論任何事情，都要試著去做才知道結果。如果進展不順利，就想辦法找出原因。每次主管罵完之後，還會再補上一句：「都還沒有做，怎麼能說不會？」

「我的主管非常討厭成天找藉口的人，可是有的人就是喜歡替自己找理由。遇到這種人，他一定會直接開罵：『**不要滿嘴託詞，你就是沒有心要做！**』總而言之，只有馬上行動的人，才會贏得誇讚。」

做錯大不了重來，不做連機會都沒有

另外，「失敗沒關係」也是主管經常對他說的一句話。

事實真的是如此，因為就算西先搞砸了，西先的主管也不曾生氣。

「即使任務失敗，只要我能夠找出犯錯的原因或問題點，主管不但不會斥責，還會陪著我一起思考對策。

「因此，原本個性懦弱的我，也在不知不覺中變得更加積極。我常告訴自己，就算失敗也沒關係，只要行動就對了。現在，這種思想已經在我心中根深蒂固。」

儘管去做看看！去把手弄髒吧！若中途出現無法獨自解決的問題，就和大家一起腦力激盪，這就是豐田人的思考方式。

建立你自己的口頭禪：

凡事不問結果，動手去做就對了。

只要去做，就可以看到問題；

碰到難題時，和大家一起腦力激盪。

豐田主管的口頭禪 10

有六成把握就去做！

山田伸一：在豐田負責機械方面的業務，長達四十年。

山田伸一從豐田退休之後，就進入OJT為其他公司提供諮詢。每次遇到顧客時，他就會呼籲：「**只要認為可行，就馬上行動。**」但光是這麼說還不夠，他還補充：

「**人一定會害怕挫折，因為失敗很可能替自己帶來負面的評價，所以很多人光想卻不敢行動。**因此，想要讓製造現場的作業人員動起來，就需要有人起頭、給一句精神喊話。」

山田常對自己指導的工作者說：「有六成把握就去做！」六成這個數字給人的感覺不高不低、恰恰好。

如果是五成的話，雖然成功和失敗的機率各占一半，通常卻給人一種很難達成、失敗風險偏高的錯覺。

但如果等到有七、八成把握，才動手的話，很多人又會心生猶豫，想說這麼高的成功率，要是失敗一定非常丟臉，害怕出糗而變得慎重、選擇退縮。

因此，山田才會說：「有六成把握就去做！」

贏家是不斷付諸行動的人

此外，在豐田還有很多催促大家付諸行動的口頭禪。最常聽到的就是——只要自己認為可行，就算失敗也沒關係，重點是要積極的動起來！

如果你覺得這個方法不錯，千萬別猶豫，馬上行動。即使做錯也不要擔心，先停下腳步，再回到之前的狀態就可以了。只要**在還來得及挽救的時候，坦誠告訴大家**：「我試過了，但結果還是失敗了。」就沒事。因為不會有人苛責勇於嘗試新做法的人，所以豐田人總是積極採取各種行動。

「我個人的感覺是，只要有三、四成的把握，大家就會動起來。譬如，開會時有部屬提出不錯的建議，只要主管肯定這個提議，大家就會馬上執行。」

由於這種行動在豐田扎根已深，所以即使無人指示，大家也會這麼做。但在其他公司很少會有人意識到這點，因此，山田希望能藉由「有六成把握就去做！」的口頭禪，改變員工的想法。

建立你自己的口頭禪：

輸家想到的是「不想失敗」，贏家想到的是「有點把握就行動」。

豐田主管的口頭禪 11

「兩個星期後我再過來看！」

山本政治：在豐田工作四十一年，負責物流和生產管理。

在豐田，所有工作都要有一個明確的完成日期。

當主管和部屬取得共識、決定執行某項任務之後，上級就會**訂出一個期限**，並且告訴對方：「那麼，我兩個星期後再過來看，這段時間你就好好做！」把工作全權託付給部屬。直到兩個星期過後，才會確認工作進展到什麼程度。

山本政治說：「無論做什麼事，都要決定好日期。然後設法在期限之內，達成目標。

「因為說好兩個星期後再來，所以在截止日未到之前，主管不會有任何干涉。就算在這段期間，工作都沒有任何進度，上級也不會說什麼，更不會因為部屬動作慢吞吞而生氣。

「可是若時間一到，工作仍舊毫無進展、什麼成果都沒有的話，一定會被主管嚴厲訓斥。」

期限未到之前，不追進度、只給鼓勵

山本在豐田服務的時代，公司曾經撥給他三億日圓（約新臺幣八千萬元）的預算，要他完成一個專案。那個時候，主管對山本說：「請用一年半的時間，處理這個案子。」

那個專案就是把在美國、英國製造的汽車進口到日本，在日本進行銷售。

因此，山本必須設法讓進口車符合日本國內的標準，也就是直接在國外製造符合日本市場條件的汽車。這樣製造出來的汽車，就不需要另外經過加工、整理，可以直接販賣給消費者。

這份工作最重要的關鍵，就是把誰放在什麼部門、做什麼樣工作等，分配人員及設備相關的業務。總之，山本必須在公司設定一年半的時間之內，完成這方面的安排。

一旦高階主管決定交期、截止日期之後，該任務就會交給部屬全權處理。「在一年半的期限結束之前，主管只會說：『加油』兩個字。在這段期間，連高層的部長、次長都不會開口過問。」

當工作一切都確定好之後，主管就得放手——把所有任務交給部屬處理，這就是豐田交辦的技術。

不只教他成功，更教他解決問題

一旦到了約定的日期，主管一定會親自檢視。除了查看之外，還會審慎評估部屬的工作表現。

即使交辦任務出去，主管也絕對不會忘記自己曾經下過的指示，會依照當初制定的標準，作為評估的依據，絕非交辦之後就放任不管。

「成果如果符合期望，主管驗收之後，就會稱讚部屬：『做得不錯喔！』，當事人也會非常高興。

「只是簡短幾個字，就足以激發部屬的工作熱情。因為人一旦獲得讚美、誇獎之後，這些話就會化成動力，更加努力。」

即便最後的成果不符合期望，主管也不會斥責。

「我在豐田時，如果按照原本的指令去執行，但成績卻差強人意，主管也只會說：『沒關係，只要這裡稍微修改就可以了。』用勉勵的口氣表達想法，讓部屬不輕易打退堂鼓。

「另外，上級還會告訴我：『當你對部屬下指示時，要先想好如果是自己來做的話，會怎麼做？』如果發現部屬出現迷惑或猶豫的狀況，最好提出自己的方案。這麼一來，即使遇到問題，也可以幫助部屬把工作完成，使他們進步。」

下指示的人不應該嘮叨個不停，也不可以在交辦之後就放著不管。就算**在截止**

日到期之前，不過問任何業務，也必須先備妥替代方案。

建立你自己的口頭禪：

工作一定要訂出完成日，不論結果好壞，都要明確告知對方。

豐田主管的口頭禪12

用高兩階的位置看事情

中根幹夫：一九五八年至二〇〇三年於豐田服務，專做汽車零件熱處理的業務。

海稻良光：曾任職於豐田人事部，也外派到北美等地。

中根幹夫說：「在豐田做事，常會被提醒要用高兩階的位置看事情。」譬如，現場的管理職從低到高，分別從班長到組長、工長、係長（按：日本的職稱，其職等在課長之下）、課長，最後到部長，如果你是班長的話，就不要只用高一階的組長角度看事情，而要用工長的立場。

如果你是係長的話，就要用部長的立場分析工作。簡單來說，就是要經常站在比自己位階高兩階的層級來判斷、管理工作。

注意個別效率與整體效率的差異，是豐田生產方式的中心思想之一。這句話是指，即使某特定生產設備的效率提升了，整體的效率也未必會跟著成長。其實，員工要用高兩階的視野看事情，這句口頭禪和個別效率與整體效率息息相關。

「很多人都認為，只要提高設備的效能，整體的業績就會跟著提高。但是，實際上並非如此。

「當你站在高的視角（觀察位置）看整體時，就會發現提升A設備效率的同時，卻降低B設備的效率。這時，人就會主動思考要怎麼處理。**如果不透過這種方式訓練自己用各種角度思考，就無法將作業全面推向最佳化，充其量也不過達到局部最佳化。**」

不論是什麼樣的局面、什麼樣的場合，都要站在比現在高兩階的位置來思考。接待客戶也一樣，有沒有這種想法，結果會大不相同。

「常聽人說：『要擁有和顧客一樣的視角』。從某種層面來看，這句話是對的，但我認為只有這樣還不夠。

「如果僅用顧客的視角來做事，絕對無法把顧客拉攏過來。公司應該**要擁有比顧客高兩階的視角思考（超乎對方的期待）**、用和他相同的立場對話，事情才能順利進展。」

中根表示：同時用高兩階的位置和相同的視角，才能提供讓顧客真正滿意的產品。另外，如果習慣每天用不同的觀點進行改善，工作也會進展的比較順暢。

「如果只站在自己的位置思考，頂多只能在當下努力、稍微做一丁點的改善，但最後仍會覺得改了好像也沒差多少。

「然而，所站的位置比現在高，看事物的格局就會產生變化，進而有新的發想。譬如，假設看的是三年至五年後的目標時，自然就會想到是否要讓生產力加倍、要不要讓轉換程序的作業時間減半等。站在更高的位置看事情，常會有意想不到的收穫。

「用長期的眼光來訂目標，像是『三年後、兩年後、一年後』要做到何種程度，用這種方式思考，目的就會變得更加明確。只要有了一貫的目標之後，就可以讓人看清楚工作進展的速度，到底是超前還是落後。」

換個角度想，往往就能找到答案

「用高兩階的位置看事情！」曾在人事部、管理部門工作的海稻良光，也常被上司這麼叮嚀。

海稻在二十五、六歲還是基層員工時，主管就常對他說：「請用人事課長的立場工作。」讓他嚇了一跳。

「你現在在人事部上班，雖然還只是個基層員工，卻有機會和各部門課長級的中階幹部談話，如果你不能從這些人的位置去想事情的話，就會雞同鴨講。因此，你必須下意識告訴自己：『我是以人事部課長的身分在工作。』」

譬如，你做的是和人事異動有關的事項時，光做事務性傳達——告知：「你部門的A先生，從明年起調到別的單位」，該部門的課長絕對不會同意。如果A先生是位優秀的人才，主管就更不會放人。畢竟，少了優秀的部屬當主力，任誰都會傷透腦筋。

「因此，就算你只是人事部的基層職員，也必須了解公司的重要流程，並擁有觀察中、長程目標的眼光。

以剛才提到的例子來說，你要思考這個部門將來應該如何、要怎麼培育後起之秀、要有跨兩個部門的經驗才能升格當工程師……。也就是站在更高的位置和這位課長詳談，才能做好人事異動的工作。一旦習慣用這種方式看事情，你的視野就會更開闊，也更容易發現需要改善的點。」

建立你自己的口頭禪：

站在比現在更高的職等看整體，自然就會知道該怎麼做。

豐田主管的口頭禪 13

當個多能工作者

海稻良光：曾任職於豐田人事部，也外派到北美等地。
中根幹夫：一九五八年至二〇〇三年於豐田服務，專做汽車零件熱處理的業務。

在豐田，有一種工作模式叫「多能工」，多能工工作者（Multifunction Worker）是指會操縱多種機械的人員。如果有突發狀況發生時，他們可以幫忙支援自己工作以外的業務。從製造業上、下游的流程來看，這種人就是會「縱著」做很多工作的人（從開車到修車都會）。

另外一種模式叫「多機操作」（Multi-Machine Handling），就是會操作好幾臺相同的機械。從製造業整體的流程來看，這類型的工作者就是會「橫著」做很多工作的人（好比會開好幾種車的人）。

海稻良光說：「**會縱著做很多不同種類工作的人，比橫著做很多相同事務的人強。**」在豐田，多能工比多機操作更優秀、更值得備受尊重。

曾貫徹現場管理、豐田生產方式的創始人大野耐一（一九一二—一九九〇年）身邊工作過的中根幹夫，對於多能工的概念是這麼解釋的：

「在二次大戰中，大野先生從豐田紡織轉入豐田汽車。在那之前，做車床的人員就只知道做車床，做鑽床就一直做鑽床，眼裡只在乎自己所負責的機械，以及橫向（多機操作）和自己有關的世界，對於縱向（多能工）的世界毫不關心。但是，大野先生進來之後，他就一直倡導作業人員應該更關心縱向的世界。

「之所以會有這種想法，是因為他認為，豐田如果不走美國福特汽車一貫的大量生產，而改走種類多、少量生產的路線，或許就可以降低成本。因為有這個念頭，公司才開始正視多能工的重要性。」

「會縱著做多種工作的人」永遠保得住飯碗

根據中根的說法，與其說多能工的機制是來自上級的命令，不如說是在製造現場中自然誕生的。

「我在熱處理班是負責管理爐。只要爐的運作正常，工作就非常閒，所以當我有空閒時，就會到其他人手不足的熱處理班幫忙。雖然我們的班別不同，但仍然在同一組工作，所以幾乎現場的作業人員，都在不知不覺中扮演了多能工的角色。」（按：熱處理即將金屬材料適當的加熱與冷卻，以調整金屬結晶形態的過程。）

當工廠出現異常，警報器就會作響，或是有些生產線容易發生意外狀況，所以只要有空時，大家就會協助這些生產線運作，解決問題。

「互相合作當中，慢慢的連別人的工作也會做了。當時並沒有多能工作的方針，但大家**在好奇心的驅使之下，就是會不斷學習其他的事務**。同一組的組員都會互相幫忙，形成一種合作無間的工作氣氛。」

不過，有人認為這和一九五〇年的勞動爭議有關。豐田在戰後沒多久的一九五〇年，曾陷入嚴重的經營危機。當時，還是家族經營的豐田，不得不裁員。

當時的勞工工會強烈反對裁員，使得勞資雙方產生嚴重的對立。但是除了裁員之外，公司已無路可走。結果，當時的社長豐田喜一郎（一八九四—一九五二年，豐田汽車創辦人）表明要卸任，勞動爭議才平息下來，並開始實施裁員。儘管如此，大家還是在心裡吶喊：「不論業績多麼慘澹，都希望公司不要裁員。」有位豐田人這麼說。

「走過了勞動爭議的痛苦經驗，豐田決定用最少的人員維持營運。但是，有時候工廠會出現增產或減產的情況，如果自己是只會做一種工作的單能工，碰到減產時，勢必就會遭到裁員，而多能工因為這個也會做、那個也可以，所以比較容易保住飯碗。」

為了因應生產狀況多變的工作環境，如果每個人都會操縱多種機械，就可以和其他人互助合作。因此，培育會縱著做多種工作的人，除了是提升部屬將來的職場價值之外，公司也無須讓員工捲鋪蓋走人。

八個多能工、養活四百人

豐田從一九七〇年代開始，積極進入國際市場。支撐這個策略，讓這個方法得以成功，就是因為有多能工的存在。

培育多元型人才，就不需要把大批的人員送到國外，只要派幾位幹部去指導當地的員工就可以了。一九七四年，中根被指派到豐田巴西工廠時，就是如此。

「我到巴西上任的時候，當地工廠的人說：『如果這八個日本人，可以讓四百位巴西人有飯吃，就讓他們回日本！』當中包括了兩位機械人員、四位鑄造人員、一位木製鑄型人員，以及負責熱處理的我。」

這八個人必須做自己專業領域以外的事。因為以前在日本時，大家就已經習慣協助其他部門的多能工，所以這些事完全難不倒他們。

「原本以為到了當地，一切會準備就緒。結果，他們只蓋了小屋，我們只好自己動手灌漿隔間、在裝配工廠內組裝設備和機械，從無到有，全都自己來。

「因為只有八個人，所以絕對不能只做自己的事。負責鑄造的人要我們幫忙，我們就去幫忙；負責機械的人需要協助，大家二話不說的捲起袖子去協助。」

在開拓國際市場中，豐田意識到必須培育多能工。獲選為「海外特派員」的人員，都會被教育成萬能工作者，也就是工廠內所有的大小事，他們都會做。原本只會做一種工作的人，如果能在一、兩年之內培育成會做所有作業的多能工，就有機會被派到國外。

建立你自己的口頭禪：

會做多樣工作的人，比起會做很「多量」工作的人，具有更寬廣的職業舞臺。

第3章

橫展！你更上層樓、格局大開

豐田主管的口頭禪14

工作像田徑接力，不是游泳接力

海稻良光：曾任職於豐田人事部，也外派到北美等地。

提到豐田的口頭禪，海稻良光說：「工作要像田徑接力賽！」

為什麼會這麼說呢？因為工作應該要像田徑接力賽一樣，要有前一位跑者把棒子交給下一位跑者的接棒區。

只要是在接棒區內，跑者要怎麼傳、接棒都可以。你可以一進接棒區就傳棒，也可以在接棒區的最後再給。

當前一棒和後一棒的跑者默契良好，就可以順利傳棒，進而縮短整體的時間。

「工作也一樣。假設四百公尺接力賽，四位跑者一人負責一百公尺，接棒區是二十公尺的話，最長可以跑一百二十公尺。如果是由資深**老手傳棒給新手時，當他跑到接棒區的最後才傳棒，就可以助新手一臂之力**。

「如果有了接棒區，工作時大家都可以不受限、多做一點，有突發狀況時也方便尋求協助。如果彼此都在自己的工作範圍，再稍微超前一點，就可以合作完成困難的任務。」

但在歐美製造業的現場，大都不習慣這種接棒區的觀念。

有幾十年派駐美國經驗的海稻，早就看出了豐田式和歐美式的不同。

「歐美的製造業，感覺像是在進行游泳接力賽。A游這一百公尺，B游接下來的一百公尺，每個人負責的領域劃分得清清楚楚，沒有接棒區。

「這種情形比較像是『到這裡為止是我的工作，之後就是你的事。如果不幸出事，也和我無關』。」

不說「你的工作是這個」，而是「你的工作大概是這樣」

一九九〇年代初期，海稻在舊金山工作時，曾到亞利桑那州（美國西南方，州首府是鳳凰城）駐廠的作業現場出差。他在工廠附有的餐廳吃午餐時，有一位身穿豐田作業服的美國人朝他走來。

當時，豐田開始在亞利桑那的工廠生產卡車，隨後便錄用當地人擔任管理幹部。走向海稻的這位美國人，辭去原本在美國汽車製造商克萊斯勒（Chrysler）的工作，來到這裡擔任領班。

海稻主動打招呼：「進入公司覺得如何？這裡和克萊斯勒有什麼不一樣？」

這位美國人回答：

「在克萊斯勒時，公司會詳細告知你的工作就是這個。所以，我非常確定自己只要做到什麼程度就ＯＫ了。

「但到豐田之後，公司只說：『你的工作大概是這樣。』用一種不明確的說法交辦。因為我不清楚自己的工作範圍，所以感覺非常不安，我該怎麼辦？」

海稻針對這個問題，做了以下回答，並且明確指出，因為每個企業的思考方式不同，所以豐田流和歐美流的工作方式也會不一樣。

「你應該要做的是，**營造能夠讓現場人員不斷提出建議的氣氛**。協助組織進行營運，比提升百分之多少的生產力更重要。所以，你必須讓每位在場的員工了解如何改善現狀。

「他們每天在工作的八小時當中，無時無刻都在思考如何製造好的產品，並且杜絕所有的浪費。絕大多數的作業員都是這個樣子，至於如何善用這些人，就是你這位領班的工作了。」

飛向一、二壘之間的滾地球由誰接？

所有的事情都要從製造現場開始思考。每個人為了讓現在的工作能夠更好，也會互相提出不同的點子。

因此，豐田不會嚴格規定大家工作的範圍，更不會清楚的告訴你「做好這個就好」，**管理者的工作重心，應該要放在如何讓部屬提出創意、發揮專長，而非指示**

或命令別人做這個、做那個。

「如果把工作比喻成打棒球，在美國就是飛向一壘的滾地球由一壘手負責，飛向二壘的由二壘手接，而飛向一、二壘之間的球，就由管理者處理（意思是工作劃分得很清楚，模糊地帶的工作若出錯，就是主管的責任）。

「歐美是契約社會，他們喜歡用白紙黑字的契約來辦事。這一點和日本的職場文化確實不同。當日本人要進入歐美市場時，必須讓他們了解當中的差異。」

有無法理解豐田式想法的外國人，自然也有能夠理解的外國人。

一九八四年，豐田和GM合資成立NUMMI公司時，海稻負責任用外國人。只要是畢業於美國名校，如哈佛、耶魯、加州大學柏克萊分校、加州大學洛杉磯分校（UCLA）的人，都是直接錄用。不過，這些人的工作態度不盡相同。

「這些人都非常優秀，但實際工作之後，可以明顯區分成兩大類：一類是絕不踏出自己小房間一步；另一類則是不斷跑現場。」

屬於前者類型的人，認為自己工作的地方，應該不是工廠而是辦公室。只要待在辦公室，悶不吭聲，資訊也會送上門來。他們覺得自己的工作，就是用電腦分析這些資訊，再向直屬主管報告。

屬於後者類型的人，則喜歡出入製造現場，主動吸取各種資訊。他們會用不完整的單字、生澀的日語，向日本的作業人員打招呼：

「午安，你好嗎？」

「我給你的資料有用嗎？」

「現在有沒有碰到什麼困難？」

只要打聲招呼，就可以互相溝通。換言之，**這類型的人不會為自己的工作劃清界限。他們用的正是豐田式「接棒區」工作方法**。

漸漸的，這兩種類型的人之間出現了差距。總是把自己關在小房間裡的人越來越孤立；**勤跑現場的人，在公司的人緣則越來越廣，工作也越來越有深度**。

「這就表示歐美的菁英當中，還是有人會設工作的接棒區，知道如何用豐田式方法做事。這一類的人善於收集各種資料，很容易進入狀況。當然，也就順理成章的繼續留在公司。」

建立你自己的口頭禪：

設立你和同事之間的工作接棒區，事情才能做得又快又好。

豐田主管的口頭禪 15

借鏡、跟進、人緣——工作要力求「橫展」！

海稻良光：曾任職於豐田人事部，也外派到北美等地。

豐田經常會提到「橫展」這個名詞。橫展顧名思義就是「橫向發展」，也就是一面傳播自己所擁有的關鍵技術，一面不斷汲取別人的成功經驗。

對於橫展，海稻良光這麼說：

「簡單來說，就是互相切磋、琢磨自己的做事祕訣。有好的東西一定會公開，絕不藏私。」

豐田常舉行各種交流會，假設田原（位於日本愛知縣南部）工廠進行某項檢查，剛好高岡工廠也做同樣的事，大家就會**互相比較，然後偷學對方的優點**。

譬如：「這次是田原工廠先這麼做的，我們認為成果很不錯，所以也決定跟進」、「因為高岡工廠的做法非常創新，所以其他工廠也有樣學樣」。大家都會尊重第一個想到要這麼做的人，然後再借鏡採用，這就是豐田的橫展思想。

「豐田生產方式原本就是公開的。好的東西要傳播、要互相切磋琢磨才會更好。所以，不論是對內或對外，公司都力求橫展。」

「非正式職場交流活動」就是在「橫展」

豐田內部每天都在互相交流，不同部門的同事熱烈交換資訊、積極展現橫展的力量。

「之所以能夠如此，我想應該歸功於豐田的非正式活動吧。員工可以透過公司內各式各樣的自主性聯誼活動、研討會互相交流。這對員工的橫展來說，有非常大的幫助。」

豐田有以職階為核心所組成的交流會，也就是由班長、組長、工長等職位成立的集會，如班長會、組長會、工長會等。

也有以工作的職別為核心所成立的交流會。這讓做塗裝、裝配、機械的員工，可以透過這種形式，走出原本所屬團隊的圍籬，相互討論最近做了什麼改善等話題。除此之外，還有以各種形態為中心所形成的團體。

藉由非正式活動，就可以和各式各樣的人建立關係、共享資訊、橫向發展。有了交流會，員工就可以因此產生人際網絡，萬一有一天**發生緊急事件，這些人脈就能幫得上忙**。

像是當元町（位於日本神奈川縣）工廠的機械，不小心讓不良品流入了下一個工程，而負責下一個工程「裝配」的工廠，這時該怎麼辦呢？如果什麼都不做、讓不良品一直傳遞下去的話，這些瑕疵品就會被組裝起來，所以，必須立刻讓生產線停止運作。

碰到這種狀況，元町工廠的工長，就會馬上打一通電話給負責裝配的工長說：「有不良品摻雜進來了，請你們立刻停下生產線。」如此一來，問題就不會繼續擴大下去。

有人緣，做什麼都有人幫

豐田的員工透過平日非正式的活動，建立自己的好人緣、擴大人脈，所以碰到緊急狀況時，就可以適時互相合作、發揮作用。

如果是一般公司的話，工作一旦出錯，一定會先向主管報告吧！

所以，程序應該是「元町工廠的工長→元町工廠的廠長→裝配工廠的廠長→裝配工廠的工長」。但是，在呈報的過程當中，生產線早就已經組裝商品，不良品也已經混入其中，來不及改善的可能性較高。

當然，上級必須充分授權給製造現場的人，才可以讓橫向的網絡派上用場。

縱使生產線因現場人員的判斷而停止，老闆也不會生氣的說：「為什麼沒有先向我報告？」反而是說：「回頭再報備就可以了。如果狀況非常緊急，就當場先行處理吧。」

建立你自己的口頭禪：

利用交流會互相切磋，才能精益求精。

豐田主管的口頭禪16

有想法，就（用A4紙）提出來討論

山田伸一：在豐田負責機械方面的業務，長達四十年。
鈴木　靖：一九六四年至二〇〇五年於豐田服務，工作內容以機械方面為主。

「我在豐田工作的四十幾年期間，可以區分成兩個時代：一個是以紀律團隊立場工作的時代（部屬執行主管吩咐的指示）；另一個是讓部屬工作的時代（主管協助部屬完成任務）。以前管理者最常說的一句話就是——有想法，就提出來討論。」說這句話的人，正是山田伸一。

豐田有一種制度叫「創意功夫」。在執行日常業務時，**只要有任何發現、認為這樣做比較好的話，就歸納整理在一張Ａ４大小的紙上，交給主管**。換言之，就是簡潔的把現狀、改善方案、成果等，濃縮在一張紙上，這就是改善的種子。

豐田每個月都會這麼做。首先，以工廠為單位，選出最優秀的提案，獲選的方案則代表該工廠接受「創意功夫委員會」的審查。

「委員會把收到的專案，融合大家的想法，相互討論，像是如果這樣做是不是會更好。工作現場就是訓練提案能力的地方，獲得委員會評價為最優秀提案的提案者，還可以獲得二十萬日圓（約新臺幣五萬五千元）的獎金。」

上司常盯著山田，要他為「創意功夫」提案，而他本人也樂此不疲。

「自己所想的事情、考慮的改善方案，可以透過『創意功夫』整理出來。如果其中有一個提案獲得採用，便會覺得自己也是參與生產活動的一分子。所以，只要每次一有想法，我就會馬上把自己的『創意功夫』寫下來。」

提案被採用之後還有獎金可拿，雖然金額並不高，也算是一種鼓勵。當然，會有信心十足、認為一定能夠雀屏中選的好方法，結果卻慘遇落選。不過，積極參加這種活動，可以訓練自己整理腦中的想法，練習寫一份精彩的報告。

就在山田晉升為主管不久後，因為立場改變，他成了向部屬說：「如果有想法，就為創意功夫提案吧！」的人。

「成為監督者之後，我覺得自己從部屬的提案裡，獲得很好的啟發、不錯的暗示。或許我和對方的立場並不相同，但有了實質管理的經驗之後，手下的建議真的給我很多靈感。」

因為可以做的事情比以前多更多，所以當部屬提出的創意成了改善制度的種子，就可以讓自己負責的部門徹底執行。

但是，「有想法，就提出來討論」，有時也不見得管用。現場難免有一些人員不擅長提出意見，除非要為特別的狀況進行改善，否則這些人幾乎不動如山。

鈴木靖在豐田任職時，碰到這一類型的年輕作業人員，就會說：「有時臉皮不妨厚一點！」為了讓更多人能夠踏出創意功夫的第一步，鈴本常會說這句話，目的是希望大家放輕鬆一點、勇於嘗試。

建立你自己的口頭禪：

覺得「這麼做會比較好」，就說出來，別不好意思。

豐田主管的口頭禪 17

不要隱瞞虛驚體驗

西先健二：一九六五年至二〇〇五年於豐田服務，主要處理塗裝方面的工作。

西先健二最常聽到的口頭禪就是：「不要隱瞞虛驚體驗。」虛驚是指，在製造現場會令人緊張、使人嚇一跳的經歷。雖然突發狀況多半是虛驚一場，但一不小心，也可能會引發嚴重的事故、災害和傷害。因此，一旦發生類似事情，要立刻向上級報告。

假設，馬達上有懸掛一個螺栓，在執行吊掛馬達的作業時，螺栓突然鬆脫、咚一聲的往下掉，導致馬達下移約莫五公分左右。通常公司都會大事化小、小事化無，想說有驚無險、沒事就好。

但要是在豐田發生這種事情，部屬一定要立刻向主管呈報，而且會傳遍整個公司。這時，總部就會下令檢查所有工廠的懸掛螺栓。

很多人會想：馬達只是往下掉五公分而已，重新鎖緊螺栓就沒事了，根本不需要特別向主管報備吧。可是在豐田，凡事絕不能就這麼得過且過，因為這種令人虛驚的狀況，極有可能引發重大災害，一定要寫報告，讓全公司的人都知道這起虛驚體驗。

為此所寫的書面資料叫做「虛驚報告書」，其中的內容無奇不有，像是：

◎工廠的地板不平，很容易跌跤。

◎因為有障礙物，導致拿零件時經常會鉤到手。

通常，**只要出現危險的警訊，公司就會訂出優先順序，進行全面改善，趁麻煩之芽尚未茁壯前，就先摘除。**

假設工廠的樓梯一下雨就會滴水，而且曾經有人因此而滑倒時，該採取什麼行動呢？

「我會立刻貼上止滑砂紙，提高安全性。如果有人表示，到了晚上會看不清楚樓梯的臺階，我就會馬上在臺階塗上螢光塗料，就算再暗也能看得清楚了。」西先這麼說。

立即行動才是最重要的關鍵，不要想得太困難。砂紙、螢光塗料這些工具，很簡單就可以弄到手，所以要立刻去做。如果慢吞吞的話，就會被主管斥責：「你是君子動口不動手的人啊！這麼簡單的事情要立刻做！」

工廠的安全圍欄有一定標準的高度，但偏偏有些圍欄卻沒有達到要求。如果因為安全圍欄低於基準，公司就會展開全面的檢修，一起確認所有設備是否符合標準。不合格的圍欄在哪些地方？已經修正了嗎？還沒有處理的圍欄何時要修？大家都會互相報告、彼此商量。

建立你自己的口頭禪：

不要對工作的各種異象置之不理。

必須做到資訊共有，才可以防止壞事發生。

豐田主管的口頭禪 18

工作守則十條，每天挑一則強調

山本政治：在豐田工作四十一年，負責物流和生產管理。
古關　強：在豐田上班超過四十年，負責車輛裝配業務。
西先健二：一九六五年至二〇〇五年於豐田服務，主要處理塗裝方面的工作。

凡事都以安全為第一考量的豐田，每天朝會上都會提到：「今天就遵守這項安全檢！」藉此落實與安全相關的規定。

山本政治這麼說：

「不論是哪一個工廠，有關安全的規定大概都有十條左右。以生產管理的狀況為例，必須遵守的規定就有：『不要在場內奔跑』、『臺車不要用拉的，要用推的』、『不要把手放在口袋裡』等。每天開會時，負責人都會針對其中一項規則，特別叮嚀部屬。」

而古闕強則聊到：

「裝配現場的規定有『要戴護目鏡』、『戴防割手套』等。如果不戴護目鏡，鐵粉有可能會跑進眼睛裡；為了避免割傷，切割鐵板時要戴手套。朝會時，工長一定會用力提醒大家要遵守這些規定。」

朝會以班（五至六人）為單位。值日生要從數條規定裡，選出一個寫在白板上。假設這個班今天作業時，要用到移動式升降機，就把「注意四周有無人員走動」寫在白板上，然後整個班一起唱和這條守則。

到了黃昏，要做今日工作回顧時，每個班都有一份標記了員工姓名的檢查表，有確實做到規則的人，就在自己的姓名下方畫個圈。如果有碰到其他緊張或危險的狀況，就再加入自己的建議。

把曾經發生過的問題，做成報告公布出去

每次開朝會時，工廠一定會特別強調安全觀念。

西先健二認為這麼做是很理所當然的，每家公司一定也做同樣的事，所以對這種宣導從未有過一絲懷疑，直到成為ＯＪＴ訓練者之後，改變了他從前的認知。

「在為其他企業提供諮詢服務的過程中，我發現絕大多數的公司，都不會在朝

會提到有關安全的事項。這對出身豐田的人而言，是一大震撼教育。」

西先說，為了要讓作業員徹底遵守工安規定，除了利用朝會時間特別強調之外，還要有其他機制。

「**在豐田，如果有人在某處受了傷，或者某人有虛驚體驗時，會立刻透過『安全速報』把訊息發送出去。**只要有人受傷，所有豐田的工廠都會知道，而且不限日本國內的工廠，就連海外現場有人出事，訊息也是透明公開化。豐田的關係企業如果發生重大的工安事件，每個人也都會知道。」

安全速報由發生事故的現場負責人整理，把事故發生的狀況、對策等，歸納整理在A4大小的紙張上。各工廠安全衛生小組人員，再把這張安全速報的報告加以整理，**視情況加入現場的照片**，發送給全公司。

各現場的管理者就能以這個訊息為基礎，重新檢視工作的環境，迅速展開各種安檢作業。

反覆接收訊息還不夠，要落實去做

另外，豐田還會深入貫徹安全教育，在每個月的月初安排一個小時的「安全會議日」。

「來參加安全會議的人不能只聽別人說。每個人聽完之後，為了證明自己確實上了安全教育課，必須在個人紀錄表上蓋章，表示自己會努力遵守剛才聽到的內容。

「另外，公司還會針對工廠負責人進行相關的職場教育，讓他和部屬溝通時，可以透過傾聽、協商來解決各種危機。」

在豐田，員工常會被提醒各種有關安全措施的事情。在**反覆接收訊息**當中，要徹底遵守規定的想法就會越來越強化。

不只員工要遵守規則，公司也有公司必須改革的事項。譬如，利用朝會教育訓練、每天執行業務時，盡量讓每一位員工都能落實安全守則。

建立你自己的口頭禪：

主管有義務讓部屬知道公司的方針，並且教會他這樣做。

豐田主管的口頭禪 19

多和其他部門接觸，建立自己的人脈網絡

中村武嗣：在豐田上班超過四十年，主要做機械方面的工作。

中村武嗣以前最常聽到、印象最深的口頭禪就是——多和其他部門接觸，建立自己的人脈網絡。

豐田有各種超越組織、擁有橫向聯繫功能的社團。譬如，以職別制來區分的三層會（工長會、組長會、班長會）、以進入公司形態來區分的團體等。這些組織除了能讓員工相互來往之外，也能夠讓大家建置個人的人脈存摺。

「豐田的員工來自全國各地。我想公司會這麼做，是希望透過各種活動，讓員工之間產生工作伙伴的意識。

豐田人可以**透過這些團體學習交流，除了有主管和部屬之間的縱向網絡之外，同事之間、不論是否做相同工程的人，也可以藉此擴展自己的橫向網絡。**」中村如此說道。

從橫向網絡獲得改善的啟發

中村高中畢業進入豐田之後，他參加過三層會、課長會、匠會（由技術優秀的人所組成的團體）等。除了這類的集會之外，中村也在參加晉升培訓時，和其他工廠所組成的團隊彼此交流。

「這可以讓平時幾乎碰不到面的人，互相稱讚『您真的好厲害』。豐田的員工透過這種網絡獲得改善的提示，還可以交換不同的工作訊息。建置這種機制的優點和好處真的非常多。我想有了這種交流管道，不管是勞心或勞力的工作，都可以更上一層樓。」

譬如，中村以教育顧問的身分指導員工時，就想到「製造現場是最好的參考，希望受訓的人有機會造訪工廠」。其中，還包括和他沒有直接關係的作業現場。此時，人脈網絡就可以派上用場。只要中村打一通電話：「我想要帶受訓的人過去看一看。」對方就會安排好一切。

一通電話就OK，完全不需要辦任何複雜的手續，這種橫向的網絡力量，在豐田到處都可以看得到。

「實地參觀是一種非常好的教育機會，更是名副其實的現場、現物教育。參觀從未到過的地方，不但可以更了解各種機械操作，還可以知道其他工作者是多麼努力和辛苦。」

若有某個工廠來不及生產，需要其他工廠的人員前去支援時，平常建置的橫向網絡就可以發揮功效。「我這裡會派人過去，麻煩照顧一下！」、「我請田中和山本過去支援，請多關照！」輕輕鬆鬆就交代完成。

中村進入豐田工作了幾年之後，就以部門代表的身分加入「個人風格會」（Personal Touch）。

該會要舉辦活動前，大家都忙著進行各種準備。每次總是可以看到會裡的成員因此忙得焦頭爛額，中村就會按捺不住、四處幫忙、跑來跑去。

這時，某位課長對他說：「你是某部門代表嗎？給我乖乖坐在這裡。要是你人不在這裡，突然有人需要你的指示時，他們該怎麼辦？」

這位課長又進一步說：「讓會裡的成員依序向你報告，再從他們的報告中，分析事情進展的狀況。如果發生延誤的情形，你再去確認到底是怎麼回事。記得，去過之後一定要馬上回來。」中村說：「這是我還很年輕時候的事情。我覺得他是在教我，如何當一個稱職的管理者。」

豐田的各種集會和教育機制，不僅讓大家建置了橫向的網絡，還回饋到日常的工作之上，讓業務可以進展得更順暢。

建立你自己的口頭禪：

遇到麻煩事時，人脈存摺的多寡決定你的解決力。

第4章

發生問題的時候，切記這幾句

豐田主管的口頭禪 20

站在這裡看三十分鐘！

堤　喜代志：在豐田的熔接業務部門工作有四十二年之久。

堤喜代志擔任班長時，曾經接受過鈴村喜久男的指導，他是豐田生產方式創始人大野耐一的得力親信。

某一天，鈴村到堤的工作現場說：「嘿，你是班長吧？」堤回答：「是的，我是。」鈴村突然用粉筆在地上畫了一個直徑約一公尺的圓圈，並且說：「站在這裡專注的看，忍住三十分鐘，不要上廁所！」

「站著看三十分鐘，這種感覺真的很奇妙，竟然可以看到生產線上的問題，像是『哇，那個人的動作好不自然』、『原來目前的路徑規畫很不方便』。我那個時候才知道，原來很多作業上的盲點，因為在移動，所以看不見。**沒想到，光是靜靜的站著看，就可以突破盲點**，我決定把看到的狀況全寫在筆記本上。」

三十分鐘後鈴村回來，劈頭就問：「你們有什麼感覺？」堤回答：「這樣看了之後，我發現『有些工作其實不需要現在就做（**事實**）』。」而另一位一起站著看的班長卻說：「每一位作業人員都很『賣力（**形容詞**）』。」結果，這位班長遭到鈴村怒斥。

「當時，鈴村常讓我們站在原地看三十分鐘，所以我學會先鎖住一個標的物，然後冷靜的觀看。」

不論是在單一的作業或是工程，都可以先鎖住一個環節，然後再從某個目的去觀察，如此一來，就可以看到很多沒必要的動作。公司會教你用這個方式看事情。

在動並不等於在工作

之後，堤被派往臺灣、中國時，也同樣落實「站在這裡看三十分鐘！」的方法，把當地工廠的班長、組長叫過來，用粉筆畫個圓圈，讓他們站在圓圈裡面，看自己所負責的現場。

「剛開始，大家都覺得為什麼一定要這麼做？特別是日本、臺灣、中國地區，大部分的人都會認為『不動會有罪惡感』。**每個人都認為，不論做什麼樣的工作，只要有行動，就表示有在做事。但是，事實並非如此，專心盯著上班的環境，可以逐漸看到多餘的動作、發現應該要改善的地方。**找到問題點之後，當然就要立刻設法解決。」

堤畫個圓圈讓他們站三十分鐘之後，請他們把找到的問題寫在紙上。當中只有一位感覺敏銳的人，發現了幾個缺失，例如放工具的地方太遠、放零件的收納盒位置太低，作業人員必須鑽進去找等，而另外四個人都寫：大家都很努力在工作。

最後，堤才開始說明讓他們站著不動的原因。

「鎖住一個目標仔細看，就可以看到平常注意不到的地方。找出這些盲點，就是你們這些身為管理者的工作。」

說明完之後，堤再次讓這些班長、組長站在現場。這樣反覆做了一個月之後，幾乎所有人都可以找出現場需要改善的缺失。

站著看三十分鐘，就可以看到一些狀況

後來，堤在為其他企業進行培訓時，一樣執行這套策略。「喂，班長，一起做吧！」吆喝一聲之後，堤就和他一塊畫個圓圈、站著看。

「絕對不要動！我下了這個指示之後，為了讓對方不動，我握住他的手整整三十分鐘。」

過了三十分鐘之後，兩個人一起走向有黑板的會議室。接著，開始討論剛剛看到哪些問題。

「譬如，A作業站著做，B作業卻得坐下，而A和B作業要反覆做三次。這麼做是否會產生等待上的浪費？一坐、一站容易有勞動上的虛耗，是不是改變一下步驟比較好……在談話當中，我也會把自己注意到的地方告訴對方，讓他們進行改

善（按：豐田式生產系統的主要目標之一，就是減少不必要的浪費，像是等待的浪費、搬運的浪費、不良品的浪費、動作的浪費等）。」

建立你自己的口頭禪：

靜靜觀察職場的環境，就可以找出許多好問題。

豐田主管的口頭禪 21

光打地鼠是解決不了問題的！

古關　強：在豐田上班超過四十年，負責車輛裝配業務。

古關強現在以訓練者的身分，為許多企業提供業務上的服務。

通常，進入作業現場最常看到的，就是員工一邊忙著修理老舊設備、一邊戰戰兢兢的使用它。這個時候，古關強會說：「**光打地鼠（修補錯誤）是解決不了問題的！**」

「看到地鼠出現就動手打，等到又有別隻冒出來，就再打……好不容易打完，另一隻地鼠又跑出來了。光是一邊打、一邊作業，就浪費掉好多時間，難怪作業員會這麼忙碌。

「我稱這種工作方法叫『打地鼠生產方式』。不查明真正出錯的原因就進行修復，只是處理表象，這應該叫『修繕』而非『修理』。用這種方式處理問題，根本是自欺欺人。」

「修理」和「修繕」不同

「修理」和「修繕」在豐田是截然不同的兩件事。

修繕只是繕，也就是彌補、修補。這就好比機械發生故障時，光用應變措施讓它可以再度運作，卻沒有排除真正的起因，機械很快又故障，這就**像你雖然暫時打退了地鼠，但沒過多久牠又會再度冒出來**。

修理則是排除真正的原因，讓同樣的問題不要再發生。

因此，當機械一不對勁，就要徹底修理。只有徹底追究原因，才能讓地鼠不再出現，如果不這麼做，就會一直修繕個沒完沒了。

一定要知道「應該要先解決什麼」

古關說，這種時候最重要的就是，**從錯誤最常發生的地方改善！**

針對已經出現過無數次不對勁的狀況，也就是最常犯錯、最常故障的地方、已成職場最大障礙的問題等，依照出事頻率的高低，決定優先處理的順序。

如果不對勁的狀況和設備有關，就可以按照以下的順序排位，從高到低逐一著手修理：

①每天都會出狀況的設備（排序最高）；

②一個月大概會出錯一次的裝置（次高）；

③一年大概會發生一次問題的機器（排序最低）。

換言之，發生頻率越低的事務，可以越晚處理。

如果你不知道要先解決什麼，就是無法辨別工作的輕重緩急，一味的想先排除眼前的狀況，只會打地鼠。就算投入再多的人力來解決問題，也僅只增加成本、降低生產力而已。

別為了省小錢浪費了天文數字

古關指導過的企業，曾經發生過一件離譜的事。

某工廠有一臺自動摺紙箱的機器，但這部機器常出狀況，動不動就罷工。這家工廠就索性將它擱置一旁，另外派兩名作業人員手工摺紙箱。

看到這種情形，古關立刻指示部屬要徹底修理這臺機器。好不容易修理好，終於可以順利運轉之後，這臺機器只用三十分鐘的時間，就完成兩位作業人員要花三小時才能完成的工作。

如果不修理的話，結果會如何？就是每天繼續損失三小時的工作時間。如果累積一週、一個月、一年，該工廠的損失就是一個天文數字。

問題發生時，一定要從根本排除起因。先為各種問題找出解決的優先順序，再從排序高的事件開始處理。不是只有生產現場需要這麼做，所有的工作也都應該如此處理。

建立你自己的口頭禪：

率先處理老是出錯的地方，確實做到修理而非修繕。

豐田主管的口頭禪 22

根據事實和資料工作，別根據直覺和經驗！

山森虎彥：一九六四年至二〇〇四年於豐田服務，主要做裝配的工作。

山森虎彥曾指導過某家公司，那裡經常有許多針對製品的客訴。但是，因為這家公司找不出引發客訴的原因，無法有效排除紛爭的源頭。

於是，他將自己在豐田所培養的手法，引進了這家公司。一旦問題發生時，首先要查明現狀，然後再分析查明後所獲得的資料，想出解決的辦法。

「經過分析現狀，就會出現各種資料，再**用這些資料做帕雷托法則分析**，並且應用**在魚骨圖**（又稱因果圖或石川圖）**中追究出事的真因**，是一般解決問題最常用的方法。」

帕雷托法則（Pareto principle，又稱二八定律）是一種在同一要因、同一條件下，八〇％的客訴原因集中來自二〇％的商品。譬如，假設汽車組裝會產生刮傷的問題，透過帕雷托法則，就可以很快找出最容易被刮傷的地方在哪裡。

如果答案是反光鏡的話，就可以針對這點做重點防傷處理。

為了避免刮傷，具體的做法就是把反光鏡留到最後再組裝，這就是應用帕雷托法則解決問題的基本方法。

你會根據事實和資料剖析問題嗎？

不過，根據山森的說法，還是有很多公司不知道這個處理問題的基本方法，就算知道，仍然企圖用直覺、經驗、常識來闖關。

這家因製品而引發眾多客訴的公司，就是因為不會分析客訴的內容，而胡亂採取以下兩個因應對策：

◎單純檢查製品是否有混入其他多餘的東西之後，就放行。

◎所有人員在作業前，要先進入空氣浴塵室（air shower，去除人體衣服上及設備、物料、工具的塵埃）。

山森問現場的負責人：「**你有根據線索，思考最適合的解決方案嗎？你又是依據什麼樣的事實，讓同仁這麼做？**」結果，他得到的回答是：「我覺得這麼做的話，就可以減少異物混入，客訴自然就會變少了。」

「會這麼做的公司還真是不少，但光是這樣是行不通的。因為他們並不是根據事實而行動，所以我總是苦口婆心的告訴他們，**要根據事實和資料工作。**」

開始行動之前，一定要查明現狀、分析資料，如果不從這裡著手，就無法有效解決現況。

先排除狀況最糟糕的環節

接下來要做的，就是排除狀況最糟糕的環節。

以查明現狀後所獲得的資料為基礎，做帕雷托法則分析。客訴的內容形形色色，但其中一定有最差、次差層級等不同的麻煩。因此，首先針對最差、次差的狀況研擬對策。

「假設有二十件客訴，當中針對商品包裝的客訴有一件，批評商品形狀的有八件。在這種情形下，可以針對客訴最多的地方，優先排除障礙。」

先找出防止最糟狀況再度發生的對策之後，再專心處理第二個麻煩的問題。可以的話，最好再繼續排除第三、第四糟糕問題。

不論哪種類型的工作，重要度、緊急度高的業務都要先專心處理。以前述的舉例來說，就算抱怨包裝的件數只有一件，但如果它非常重要且緊急的話，就要優先處理包裝問題。

哪一個問題最糟？哪一個錯誤最重要、有急迫性？記得思考時，要兼顧各方的利益權衡。

建立你自己的口頭禪：

只憑直覺、經驗、常識，無法解決問題。

必須根據資料採取正確的做法，才能確實處理難題。

豐田主管的口頭禪
23

直覺來自4M：用同樣方法再製造一次不良品！

山森虎彥：一九六四年至二〇〇四年於豐田服務，主要做裝配的工作。

當問題發生時，要查明背後真正的原由，真的非常辛苦。山森虎彥說：

「當你開始調查問題，各種要因（factor，要素、因素）就會一一浮現。問題之所以會發生的要因，或許是A、是B，也可能是C、或D等。

「通常，我們會根據過往的經驗和資料，讓要因逐一浮上檯面。如果把要因一字排開，有時甚至會多達五十個、一百個，但這麼做並不能解除危機。我們還必須分析這些要因，從中找出『真因（真正的理由、起因、動機）』。想要從諸多的要因中，鎖住標的物、找出真因，需要**某種程度的直覺**。」

這個時候，能夠給我們一些暗示、指點的，就是**一般人常用來解決問題的4M方法**。**4M就是人員（Man）、機器（Machine）、材料（Material）、方法（Method）**。

其中最能簡單找出蛛絲馬跡的部分，就是人員，也就是作業員是否用相同的方法在辦公？有沒有根據《標準作業手冊》執行任務？從各種的角度來觀察，如果發現員工用錯誤的方法執行工程，就知道問題的原因在哪了。

不過，可不是漫不經心、胡亂看，就可以找到答案，而是要像上述一樣，先決定一個切入口再仔細觀察，才能切中要害。

讓不良品說話，幫你找出真因

另外，還有一種做法。

「以目前能夠想到的要因為根本，**用同樣的方法再製造一次不良品**。透過讓不良品的再現，**藉此查明真因**。」

要讓問題再次出現，可以用各式各樣的方法。為了不妨礙正常的生產，最好能夠在不停止生產線的情況下，讓它重現。不過，有時可能必須停下生產線，才能讓某個要因而製成的不良品再次出現。

必要時，可以利用這種方式，從中找出工作出錯的真因。

建立你自己的口頭禪：

先思考為什麼會發生這個問題？列舉幾個要因，再從中找出真因。

豐田主管的口頭禪 24

改善——巧遲不如拙速！

山森虎彥：一九六四年至二〇〇四年於豐田服務，主要做裝配的工作。

上級常對山森虎彥說：「改善——巧遲不如拙速。」

「除了做一般例行性的業務之外，還必須經常思考改善。改善的方法就是『巧遲不如拙速』，這是主管不斷叮囑我的一句話。」山森說。

「巧遲」就是想法不錯、效果好，但很花時間。想要好好修改，得花上好幾天的時間研擬計畫。當老闆問：「東西弄好了嗎？」總是回：「請再稍等一下！還差一點就完成了。」雖然這麼做是為了研擬更縝密的計畫，但距離實際執行還有一大段差距，這就是巧遲最典型的例子。

相反的，**「拙速」雖然做出來的東西沒有很精美、完整，但完成速度卻非常快。你覺得何者能夠得到好評？答案當然是拙速。**

山森說：「就算最後成果很粗糙、想法很大膽，還是要趕緊去行動。譬如，開會時有人提出需要改進的地方，直到會議結束返回工作崗位時，每個人都會快速找出改善的方法。

「因此，即使這個人再優秀、再受歡迎，只要動作慢吞吞，就無法獲得好的評價。有時候視狀況，他還有可能會被排除在第一線之外。總之，快速行動是一個非常重要的做事基準。」

想法幼稚不要緊，馬上行動就有價值

山森在一九九〇年初於田原工廠任職時，曾遇過一個麻煩。

當時，有一種被稱為板金內飾板（quarter trim）的零件非常容易受損。它是汽車後排座椅的一個零件，因為體積不小且不易拿取，稍微有一點損傷，就不能夠使用它，必須報廢。

因此，每次要移動它時，大家都得格外謹慎。工廠還特別製造了專用車來搬運，不論是垂吊或搬送，大家都戰戰兢兢。而且，每個板金內飾板之間，只要稍微碰撞就會損壞，還得在中間放一塊緩衝墊。

「那個時候，有位班長提出想法。他建議把鋪在汽車地板上的地毯，放在板金內飾板之間，像降窗簾般慢慢把它一段一段的吊下來。一開始，周圍的人覺得這個想法很幼稚，但實際做了之後，才驚覺這個方法太神奇了，沒想到零件完全不會碰撞到，毫髮無傷。

「很多事情，想太多反而就停止行動了。**與其細膩思量，不如先做做看，再邊做、邊整理思考的方法。**」

山森從豐田退休之後，觀察了形形色色的企業。他最大的感觸就是，大多數的公司寧可花很多時間爭論、檢討、磨合，就是不採取實際的行動。

碰到這種企業，山森就會這麼說：

「能夠做的就先試試看！」

「就算前面的狀況不明，只要找出一個方向，還是要試著朝目標前進！」

「前進一步也好，先踏出去再說！」

雖然覺得現在的做法還很粗糙，但如果執意要找到更好的方法才行動，就永遠無法立即改善。

即使想法、做法沒這麼周密，也要先踏出行動的第一步。只要行動，就可以看清楚起步前所不明白的地方，接著就會出現其他更好的點子。山森說：「不要去想方法幼不幼稚，先做做看就對了！」

建立你自己的口頭禪：

「想到就做」比堅持「找到更好的方法才下手」，更能打開一條活路。

第5章

讓所有人
做得輕鬆的口頭禪

豐田主管的口頭禪 25

製造速度不能比銷售速度快

山本政治：在豐田工作四十一年，負責物流和生產管理。
西先健二：一九六五年至二〇〇五年於豐田服務，主要處理塗裝方面的工作。

你的公司是否陷入一味追求高生產力的陷阱中，而動彈不得？「製造速度不能比銷售速度快」這句話，就是要勸導**大家不要生產過了頭、一直努力製造賣不出去的商品**，不但賺不了收益，還會造成公司的損失，導致生產過剩，變成庫存壓力。

山本政治從自己提供指導的經驗中，發現有**很多中小企業都陷入了生產過剩的窘境當中**。譬如，好不容易投入數千萬日圓買進最新的**機器，一定要不停使用它、不斷製造商品才行**。

但是，這其實是個錯誤的觀念。即使生產力因新設備而大幅提高，也不能製造無法創造業績的商品。基本上，製造的速度不能比銷售的速度快，同樣的，生產的數量不能比銷售的數量多，購買的材料也不能過剩。

這裡說的銷售速度，是指在後段工程（組裝、檢驗階段）的製造速度，必須配合實際生產的狀況。

「請製造顧客已決定購買的產品！」這是西先健二指導企業的口頭禪。最好的情況是，有顧客決定購買之後（已銷售之後），再進行組裝、檢查，最後完成商品。所以，製造的速度不能比銷售的速度還快。

「及時制度」的目標：降低存貨成本

「我常說：『請製造顧客已決定購買的產品』，不要用預測性的方式，去生產大量商品。

「譬如，工作一定會有特別忙跟閒暇的時候，有些工廠為了怕員工閒閒沒事做，就讓他們先做明天的工作……如此一來，庫存就越堆越多。

「碰到這種狀況，我會教育他們用豐田的『及時制度』（Just In Time，簡稱JIT）來避免這種情形發生。」西先說。

及時制度是豐田生產方式的兩大中心之一，其概念就是及時製造、及時採購、及時供應。能夠做到這點，就可以應對各種變化，提升公司的經營效率。製造的速度不要比銷售速度快，能夠遵守這個原則，就不會被堆積如山的庫存折磨。

建立你自己的口頭禪：

光是提高產量，沒有銷量也是白搭。

豐田主管的口頭禪 26

想辦法「製造」更便宜的產品，而非「採購」

古關　強：在豐田上班超過四十年，負責車輛裝配業務。
山本政治：在豐田工作四十一年，負責物流和生產管理。

豐田降低成本的經營模式，在世界上赫赫有名。用製造方式改變成本，就是豐田生產方式的思維邏輯。

長年從事裝配工程的古關強，從年輕時就常被叮囑：「即使便宜一日圓也好，有辦法製造更便宜的產品嗎？」意思是，從事製造業要有成本概念，如何運用智慧降低成本，才是勝出的關鍵。

絕不說：「請採購更便宜的材料！」

古關說：「在製造現場作業的員工不是商人，採購低價的材料也不是我們的業務，製造更便宜的產品才是我們的工作。」

因此，豐田的作業員會表示：「想辦法『製造』更便宜的產品，而非『採購』。」就算你進貨的價格再低，品質不好也沒用，成本反而更高。

每次在進行裝配工程時，古關會用一本資深工長級人物所整理的改善重點小冊子，教育新人。

其中一個重點，提到：「能否透過材料升級，以延長產品的壽命」這個項目。

雖然公司希望降低成本，但並不建議購買低廉的材料。

購買價格稍微昂貴的零件，如果可以增長兩倍至三倍的使用壽命的話，從長期來看就是降低成本。

珍惜物品，就是降低成本

接著，我們來看看在豐田是如何具體降低成本。關於有效利用機器的方法，山本政治這麼說：

「假設工廠內的設備壞了，公司不會馬上送修，也不會買新的來換，而是由現場的同仁自己動手修理，設法讓機器繼續運作下去。

「排氣閥壞了、汽缸壞了，全部自己來。我們**珍惜現有的東西，希望這些機器能夠繼續撐下去**。除非所有人都束手無策，才會把機器送回廠商修理，或是考慮報廢等。」

即使是要報廢的設備也不會整組丟掉，會動手拆解還可以使用的零件，把整臺機器區分為可暫時留下來的備用品，和必須丟棄的報廢品。

「馬達、汽缸、排氣閥、電子零件等，把這些東西取出來之後，我們會設法讓它再生，然後繼續使用。所有狀況良好的零組件，我們都會**反覆再利用，就像禿鷹一樣，『吃』到什麼都不剩**。」

豐田每隔幾年就會推出改款車，這時，原本製造該車的設備機械，經常會棄置不用。

該如何有效利用這些遭到淘汰的設備，會直接影響公司在製造上產生的費用。

因為任何花費在商品製造上的錢，都會反映在成本上，所以豐田有一套修理再生方式，來有效修復、改裝各種機器設備，降低不必要的開支。

減少用具的種類也可以降低成本

山本說：「還有其他降低成本的方法。」其中一種，就是減少公司內部的用具種類。

譬如，工廠內所使用的手套多達三百種。某現場希望用A色的手套，別的工廠又想用B色的手套，如果要一一實現大家的希望，公司所供應的手套種類就會相當可觀。

因此，設法讓手套的種類集中在某幾種，種類少了就可大量採購，這麼一來，就可以降低供應的成本。

在豐田，就是透過各種智慧的累積，達成降低成本。

建立你自己的口頭禪：

把錢花在刀口上，賺錢公司都是這麼幹。

豐田主管的口頭禪 27

東西放超過一週不用，就扔掉！

山田伸一：在豐田負責機械方面的業務，長達四十年。

山田在為顧客做指導時，常說：「東西放超過一週不用，就扔掉！」「假設有樣東西放在這裡，卻沒人用它，而且也沒有任何資料顯示，今後將如何使用這項東西的話，就表示公司不需要這個物品。只要是判斷為不要的東西，期限一到就扔掉。」

徹底區分使用和不使用的物品，確定不使用後，就清除乾淨。只要在短短一個星期內，沒人碰過的東西，就可以視為不需要的物品。

「擁有的東西變少，自然可以看見真正需要的工具，這是我在豐田學到的。」

東西不用就扔，而且要不斷扔

山田剛進豐田時，他的直屬組長就是最常說要扔掉東西的人。

只要製造的量多於所需要的量，他就會默默把多餘的材料扔掉。

「當時，公司雖然不斷呼籲『不要有庫存』，但各部門仍舊繼續做批量生產（按：Job Lot Production，把商品和零件集中起來生產，以預留一些庫存的生產手法。即多種少量與連續生產的混合製造方式，量不大時可分批製造，量增大時再用連續生產）。因此，組長只要一看到成堆的零件，就會立刻丟掉。

「起初我也很驚訝，但把不要的東西扔掉之後，工廠內清出不少空間，可以進行整理和整頓，而且作業人員的速度也變得更快，減少許多不必要的動作。

「我認為這種做法非常了不起，藉由丟棄、扔掉等動作，反而把事情看得更清楚，還可以提高產能。」

因此，當山田當上組長時，也是不斷扔東西。

「如果有別人不用的東西，或是我認定不要的工具，就一個一個往外丟出去。曾經有人質疑我為什麼要丟掉？還起了不小的爭執。所以，只要工廠裡有東西不見，第一個被懷疑的人就是我，大家都認為是我做的。但我一點也不在乎，照樣不斷丟棄多餘的物品。」

令人怦然心動的整理魔法

不過，**所謂的丟棄並不是胡亂丟東西，而是一邊整理、整頓，把該保留的留下之後，再丟棄真正不需要的物品。**

整理就是區分現場「需要」和「不要」的東西，再把不要的設備廢棄。而整頓就是讓能用的品項，讓使用者在急需時，可以立刻得到所需要的量。

具體來說，就是給這些物件一個地址、一個門牌號碼，將它們安置、整齊放在裡面。

只要稍微動一動腦筋，捨棄一堆沒使用過的雜物，如此一來，就可以把工作環境看得清清楚楚了。

判斷丟與不丟的基準

哪些是需要的物品？什麼又是不要的東西？判斷的基準該如何決定？山田認為，這個基準可由現場的負責人來拿捏。譬如，山田所指導的某企業顧客，就設了以下規定：

◎十五天內（或一週內）未使用，暫時放著。
◎又過了十五天（或一週內）還是未使用，丟棄。
◎動手丟棄之前，把該物品的相關資訊通告全公司，確認有無部門想使用它。
◎確認期限一到，就立刻丟棄。

對於判斷丟與不丟的基準，要用減法去思考。經過整理、整頓的程序，減少品項之後，就可以找到最實用的工具，同時看清楚周圍的環境。

建立你自己的口頭禪：

徹底區分使用和不使用的工具。雜物少了，心情也變好了。

豐田主管的口頭禪 28

動手前多想一步，勝過事後百步

中野勝雄：主要從事保全工作，在豐田服務時間為一九六三年至二〇〇三年。

井手　雄：一九六五年至二〇〇二年於豐田服務，主要處理和機械設備維修相關的工作。

在汽車的生產現場，很多時候必須在各種惡劣的條件下，進行作業。譬如，站在容易滑倒的機械上、爬到高處等工作，作業員經常在條件非常惡劣的環境上班。

所以，守護作業人員的安全，就是管理者的工作。

中野勝雄以前最常聽到主管說的口頭禪，就是——動手前多想一步，勝過事後百步。

「儘早設法採取措施，問題就不會擴大，要是等到事情發生之後再想辦法，那要應對的事情多如亂麻。但是，如果在發生之前先設想好，只要一個對策、一個方法，就可以解決不必要的麻煩。」

事前一策，萬事OK

豐田非常重視事前的準備，不做好準備，發生意外時就會手忙腳亂，既浪費時間又浪費成本。因此，必須先設想好，所謂：「事前一策，勝過事後百策」，就是最能詮釋前置作業重要性的一句話。除了這句話之外，豐田人也常說：「事前的準備工作，占成功的八成。」

但動手前多想一步，很多時候並不被工作人員所接受。

尤其中野所負責的是保全工作，第一線員工時常反彈。因為這些人要的是，天天提升生產效率，但保全要求的事前一策，勢必會占用到他們寶貴的工作時間，導致產能降低。

「我在負責保全工作時，常和現場人員起口角。但安全是最重要的事，所以我絕不妥協，再三提醒他們：『我們保全部門會提供安全的設備，而安全的設備就是對人友善的設備，我希望大家一定要遵守規則。』」

中野會用自己過去的經驗，以及主管教他「事前一策，勝過事後百策」的做事思維，教導其他公司的主管。

有一次中野在某工廠進行指導時，發現有一臺壓力機沒有裝設安全柵欄。如果有人不小心被壓力機夾到，就會釀成大禍。

中野問：「為什麼不裝設安全柵欄？」他得到的回答是：「因為過去沒有發生過意外啊。」

「那個時候，我就用『動手前多想一步，勝過事後百步』這句口頭禪，和現場負責人溝通，說服他裝設安全柵欄。

「根據我長年觀察的經驗，人很容易在某個瞬間突然做出某個動作，這時，極有可能在無意識之間，把手伸入壓力機裡。如果不裝設安全柵欄，就無法防止悲劇發生。畢竟，任何一位人員受了重傷，都是非同小可的事。」古野說。

況且，要是真的有人因此而受傷，還會因為違反勞動安全衛生法，變成重大的工安問題。中野將其中的利害關係一一說明之後，成功說服工廠加裝安全柵欄。

那麼，**如何才能做好事前準備呢？井手雄說：「靈活運用過去失敗的經驗。」**

「我曾經三次靠自己的力量，成立新的生產線。那個時候，我盡可能把之前失敗的經驗，編入生產線的規則當中，仔細調查過去同仁受傷的事例、製造不良品的原因，盡可能避免這些事重蹈覆轍。為了架構不讓人員受傷、減少不良品生產的系統，我靈活運用過去的經驗。」

井手現在在各種現場進行指導，他發覺大多數的公司，都沒有好好利用過去的慘痛教訓。曾經有過什麼樣的失敗？又從這些失敗中學到了什麼？如果不能記取那些教訓，就無法往下傳承。

因此，井手認為要建立一套萬全準備，並且做到「事前一策」的現場，最重要的就是透過教育訓練，把前輩過去的經驗傳承給新人。

井手在豐田服務的期間，持續把在現場所發生的失敗、從中學到的教訓，一一記錄在筆記本上。

這一個星期內，工作上發生了什麼麻煩。假設，有不良品流入最後組裝的工程中，就把發生了什麼狀況、採取什麼樣的對策，通通寫在筆記本上。

只要是在豐田工作過的人，每個人都會這麼做。同時，員工之間也會互相交流，把這些經驗分享給周圍的人，表現出「橫展的力量」。

建立你自己的口頭禪：

行動前多想一下，可以少做很多事。一旦陷入被動，就得做很多事來彌補。

豐田主管的口頭禪 29

教：任何人都可以做出水準相同的東西

堤　喜代志：在豐田的熔接業務部門工作有四十二年之久。

以前的豐田人具有職人氣質（按：職人是指以自己的技能來製造東西、作為職業的人，如工匠、木匠，並且引以為傲），是傳統「看著偷學」的世界。在工廠作業時，部屬不能公開要求前輩指導。

堤喜代志回憶當時的情形：

「我主動虛心向前輩請教，結果卻得到『我沒空教你，你自己聚精會神看！』，被罵得狗血淋頭。前輩的指導法就是『看我怎麼做、怎麼跟別人溝通，自己偷學』，這就是職人的世界。」

但是，在這種教法之下，實在很難掌握什麼竅門。有時前輩還會把很難的作業拋出來，要後輩自行處理。過去經驗尚淺的堤雖然花很多時間觀察前輩工作，但就是無法掌握其中的要領。要看著偷學真的比登天還難，不過，每個新人都會經歷這種過程。

譬如，要把兩片鐵板熔接成一片時，鐵板的某一部分會凹下去，必須先敲打凹陷的地方，再用銼刀去磨，才可以把鐵板修整得很漂亮。但是，這需要熟練的技巧才能做到。

「就算前輩親自示範過一次，還是有觀摩好幾次、仍然會有弄不明白的地方。直到實際動手做之後，修整出來的樣子就是和前輩完全不同。我知道自己的手很笨拙，就只好利用下班或休息時間，拿不要的鐵板反覆練習。」

因此，新人要學會一樣技術，得花好長的時間。過去是一個靠時間磨練技術的時代，但這種做法無法長久。為了培育更多的人才，豐田才會建立一套《標準作業手冊》的想法。

建立《標準作業手冊》的時間點，是在堤剛進入豐田不久的時候。

「年輕時，在看著偷學的指導之下，我真的是嘗盡了苦頭。所以，很能體會豐田標準的難能可貴。」

堤現在為各種公司提供指導服務。他看到某些公司的生產現場，還像以前的豐田一樣，用偷學的方式教導新人。沒有一定的作業步驟、要領，主管只會用一句：「努力工作吧！」激勵部屬。一旦部屬驚慌失措、手忙腳亂，做不好就遭主管斥責。碰到這種場面，堤就會強調標準的重要性。

「不過，標準這個詞有點含糊，所以我會改說：『任何人都可以做出相同水準』的工作規定。這麼說大家都能懂，所以我就用這句話指導客戶。」

這句口頭禪的背後，有堤年輕時，被看著偷學所折磨的痛苦經驗。所以他不希望今後的年輕人，再背負自己曾經受過的苦。

只憑直覺和竅門做事，公司不會成長

堤進入豐田十幾年後，當上元町工廠車體部的班長、奉命前往印度就任。當時，主管希望他能設法，提升印度工廠的品質。就是那個時候，堤深深感覺到——

任何人都可以做出同樣東西的規定、要求品質標準的制度，是必要的工作準則。

「我當時對車體製造相當有自信。主管指示一句：『去改善、去指導，一切就照你所想的去做！』我就得意洋洋的前往印度了。

「但到了現場一看，才發現完全行不通。當初我帶著職人的驕傲前往，卻什麼也無法教給當地的員工。自己會做和教別人做，完全是兩碼子事。就算我再厲害，不懂得把別人教會也是一個問題。

「假設，有一項作業叫『寫字』。如果操作的人有寫字的經驗，這對他來說根本是小事一樁，但如果是沒有寫過字的人，筆要怎麼拿？寫字時，筆的角度是幾度？像這樣的問題就會一個接著一個來。

「我在印度指導當地員工時，每天都處在這種狀態之下。對那些作業人員而言，所有的作業都是第一次的嘗試。但我無法一一回答他們的問題，徹底被打敗了。」一堤說。

熔接時，當地人問堤：「拿熔接棒時，最適當的角度是幾度？幾公分的瓦斯噴嘴孔徑最適當？」他都無法明確回答。

「我深深覺得自己真的很不會教人。以熔接技術來說，雖然自己做起來簡單輕鬆，但我無法用理論來說明熔接是一種什麼技術，根本無法教育初學者。像之前一樣只靠直覺和竅門是行不通的，這是我在印度最強烈的感受。」

之後，堤就開始努力念書。為了讓自己可以馬上回答任何問題，他努力從理論方面來學習每一項作業。有了這種經驗，他才領悟不論是海外的作業人員，或是沒有經驗的部屬，人人都需要一本「可以讓所有人都做出一樣東西」的工作手冊。

建立你自己的口頭禪：

訂出任何人都可以做得到的標準，公司才能壯大。

豐田主管的口頭禪 30

想辦法讓自己做得輕鬆！

田中暎直：一九七〇年至二〇〇四年於豐田服務，從事車體板金成型的事務。

豐田有各種《標準作業手冊》。像是和實際操作有關的作業指導書、檢驗品質的要領書冊。

這些《標準作業手冊》歸納、整理各種作業的做法和條件等，員工就是根據這些準則來工作。

其實，豐田的《標準作業手冊》也不是打從一開始就存在的，而是各部門、各單位一點一滴的慢慢製作、去蕪存菁後才完成的。現在，這些手冊對豐田而言，已經是不可或缺的工具。

不過，對從未製作過《標準作業手冊》的公司而言，要求他們這麼做，確實是個沉重的負擔。

為什麼非建立標準不可？為什麼要把準則集結成冊？來自豐田的訓練者協助各種公司指導時，最常被問到以上兩個問題。

這時，田中暎直回答：「這是為了設法讓自己的工作變輕鬆！」然後，再要求該公司製作標準手冊。

事實上，這本書真的就是為了實現這個目的而存在。

「如果沒有《標準作業手冊》之類的筆記，帶人就會變得非常辛苦，而且同樣的事情必須教好幾遍。有了它，部屬就可以自己閱讀、自行判斷，不但主管安心，帶人也輕鬆許多。」

工作就和吃飯一樣，越方便越好

書中的作業順序，融入了「設法讓自己變輕鬆」的思維。田中常用這個舉例做說明。

「我喜歡在享用晚飯時，小酌一杯，所以絕不會把啤酒放在不好拿的地方。不論是在自己家或居酒屋都一樣，我一定會把飯、酒放在眼前，最容易拿到的地方，以便輕鬆品嘗。」

人會設法用最少的動作吃到飯。做事就和吃飯一樣，資深人員也會用最精準的動作進行作業，為了避免工作上的浪費。這些祕訣經過歸納、整理之後，就成為《標準作業手冊》。

在現場作業也和吃飯一樣，要把設備、工具、零件，全放在最容易操作的位置、最能夠輕鬆工作的地方。把各種作業的做法、條件，全寫入《標準作業手冊》中並照著做。這樣一來，連經驗不多的作業人員，都能像資深員工一樣輕鬆工作。

沒經驗的工作，有《標準作業手冊》就能處理

田中非常了解剛開始製作手冊的點點滴滴。當初他在擔任車體沖壓班的班長時，部長就指示他得製作要領書。

開始製作之前，部長先放了一段約十五分鐘左右的電影給田中看。有位提著一只公事包的飛行員出現在螢幕上。部長指著那只公事包說：

「你們知道公事包裡放的是什麼嗎？裡面放的是發生不測事件時，各位需要的手冊。平常也可以用這些手冊，應對自己不曾遇過的事情。

「書中會寫下：『第一，先按下這個開關，接著再確認這個』、『該如何脫逃』等內容。萬一發生意外狀況，飛行員就可以照著指示，度過危機。」

說完之後，部長又補充道：「工廠的情況也一樣。」並且再次說明為什麼一定要製作《標準作業手冊》。

有了手冊，即使遇到突發狀況也不會慌張。只要照著上面所寫的去做，就可以安然度過危機。

或許有很多人覺得，《標準作業手冊》彷彿是作業人員的緊箍圈，但其實它是為了如何讓作業人員安全、輕鬆工作的思維下所寫的準則。

建立你自己的口頭禪：

一流工作者的聖經——詳讀工作的《標準作業手冊》。

豐田主管的口頭禪 31

你知道公司的基準數字是什麼嗎？

古關　強：在豐田上班超過四十年，負責車輛裝配業務。

接受古關強指導的顧客中，很多人都強烈表示，希望能夠減少庫存。為什麼大家每天這麼努力、想辦法降低庫存量，但就是無法減少呢？

古關認為，因為絕大多數的公司都擔心，要是沒有庫存可賣，將會造成損失，所以在不知不自覺中製造了過多的產品。

害怕沒東西可賣會少賺錢，故而抱著一大堆現貨、無法改善現狀的公司真的很多。古關雖然可以了解這樣的心情，但他還是明確指出當中有疏忽的地方。

「他們疏忽的東西叫『基準』。因為他們沒有自己的基準，不知道該留多少存貨才對。如果一家公司沒有做事的準則，就無法向前邁進。」

商品庫存過多，就會造成公司的壓力；庫存過少，要賣時無東西可賣，又會造成損失。

因此，問題就出在程度上。只要有恰當、合理的庫存量就沒事了。為了要判斷現貨量是否合宜，一家公司必須有一套標準，並且懂得用過去的資料做分析。

製作「基準」的基本思考方法

關於自家公司基準的製作方法，古關這麼說明：

首先，檢查每年同一月的訂單變化。假設現在是十月，就查一年前、兩年前、三年前的十月訂貨數量：一年前的十月，一百件；兩年前的十月，九十五件；三年前的十月，九十件。

從這三組數字來看，就知道訂貨數量的變化幅度落在九十到一百之間。要準備庫存時，就依照這個範圍來訂定。當你知道該月的訂貨數量最多就是一百件時，只要準備這個數量的存貨，就不必擔心無貨可賣而少賺錢。

其次，再看每日的訂單變化。這時就要查每天的訂貨數量。假設最高的訂貨數量是十，就以十做庫存量的基準進行生產。

「不過，如果用每天的訂貨數量來看，這個數字通常不太穩定，也就是落差會很大，所以很多人還是不太放心。因此，為了以防萬一，可以多準備一些，以備不時之需，也可以當作緩衝值。」古關說。

用這種思考方式訂定方向、進行生產的話，就不會有一堆多於合理數量的庫存，也不必擔心會有無貨可出的情形發生。

「我去各種工廠指導時，一問到公司的基準數字是什麼？很多人都一頭霧水。還有人說：『這種基準只有豐田這種大企業才會做吧！』我可以告訴大家，真的沒這回事。任何公司都應該根據自家過去的資料，訂出專屬的基準。不只限於減少庫存，就連所有和生產有關的活動，都需要一套標準。」

建立你自己的口頭禪：

沒有自家公司的基準，就無法解決公司的問題。

後記
認識OJT

在本書出現的豐田人，現在都是OJT Solutions股份有限公司的一員。在此，我想藉著最後的篇幅，簡單介紹一下這家公司。

OJT Solutions股份有限公司是二〇〇二年四月，由豐田汽車和瑞可利集團（Recruit Group，日本知名人力資源服務公司）合資成立的諮詢顧問公司。

OJT以豐田在製造現場所累積的改善手法，結合瑞可利集團培育人才的關鍵技術為基礎，來提升顧客生產製造的能力，並且實施教育及運用人才的方針，希望讓日本產業的根基更穩固，並且為了融入企業理念，而展開各種活動。

ＯＪＴ雖然被歸類為諮詢顧問公司，但所提供的服務內容，並不僅限於一般的諮詢業務。

ＯＪＴ的活動舞臺是顧客的生產現場。陪著顧客一起成長的指導員，都是在豐田製作現場有四十年工作經驗、以及有豐富管理資歷的訓練者。

這些人藉由示範、驗收、追蹤培育人才、將改善成果系統化後，融入整個組織，不斷改善缺失，打造最強大的團隊。

因為這些訓練者都是懂得製造產品的人，所以他們的第一個信念，就是培育菁英。在這個堅定的信念之下，他們堅持以舊中帶新的ＯＪＴ培訓方法，為更多公司打造強大的團隊，展開各種活動。

我們決定透過各式各樣的現場所建構的智慧、關鍵技術，突破業別的藩籬，幫助所有工作者一臂之力。

國家圖書館出版品預行編目（CIP）資料

豐田主管的口頭禪：豐田幹部都這麼說、也都這麼做的工作準則／OJT Solutions股份有限公司著；劉錦秀譯.
-- 二版. -- 臺北市：大是文化，2018.09
208面，14.8×21公分. --（Biz；268）
譯自：トヨタの口ぐせ
ISBN 978-957-9164-49-8（平裝）

1. 企業領導　2. 組織管理

494.2　107010098

Biz 268

豐田主管的口頭禪

豐田幹部都這麼說、也都這麼做的工作準則

原　　書　　名／好主管要有口頭禪
作　　　　　者／OJT Solutions股份有限公司
譯　　　　　者／劉錦秀
責　任　編　輯／陳薇如
校　對　編　輯／林杰蓉
美　術　編　輯／張皓婷
副　總　編　輯／顏惠君
總　　編　　輯／吳依瑋
發　　行　　人／徐仲秋
會　　　　　計／林妙燕
版　權　主　任／林螢瑄
版　權　經　理／郝麗珍
資深行銷專員／汪家緯
業　務　助　理／馬絮盈、王德渝
業　務　經　理／林裕安
總　　經　　理／陳絜吾

出　　　　　版／大是文化有限公司
臺北市100衡陽路7號8樓
編輯部電話：（02）23757911
購書相關資訊請洽：（02）23757911　分機122
24小時讀者服務傳真：（02）23756999
讀者服務E-mail: haom@ms28.hinet.net
郵政劃撥帳號／19983366　　戶名：大是文化有限公司

香　港　發　行／里人文化事業有限公司 "Anyone Cultural Enterprise Ltd"
地址：香港新界荃灣橫龍街78號正好工業大廈22樓A室
22/F Block A, Jing Ho Industrial Building, 78 Wang Lung Street, Tsuen Wan, N.T., H.K.
電話：（852）24192288　　傳真：（852）24191887
E-mail：anyone@biznetvigator.com

封　面　設　計／林雯瑛
內　頁　排　版／黃淑華
印　　　　　刷／鴻霖印刷傳媒股份有限公司

■ 2014年7月 初版
2018年9月 二版一刷
ISBN 978-957-9164-49-8

Printed in Taiwan
定價／新臺幣300元
（缺頁或裝訂錯誤的書，請寄回更換）